Planetare Systeme der Erde 2
Systeme der Radiästhesie

Klaus Piontzik

© Klaus Piontzik, 2020
Planetare Systeme der Erde 2
Systeme der Radiästhesie

Herstellung und Verlag:
BoD – Books on Demand, Norderstedt

ISBN 978-3-7504-3144-7

Klaus Piontzik

Klaus Piontzik (*1954) ist Ingenieur der Elektrotechnik, Mathematiker und Autor. Er kann auf eine etwa 30 jährige Laufbahn als Projektingenieur im industriellen Bereich und als Entwickler von Mikroprozessor-Systemen zurückblicken.

Seit 1994 hat er sich immer stärker auf elektromagnetische Felder spezialisiert, besonders im Hinblick auf das Erdmagnetfeld und seine Bedeutung für die Erde und das Leben auf ihr.

Seit 2006 kamen noch die Tätigkeiten als Autor (Gitterstrukturen des Erdmagnetfeldes, Planetare Systeme der Erde 1, Konvertierung DNA in Farben und Töne, Wahrscheinlichkeiten in der Galaxie für Leben, Intelligenz und Zivilisation, Alien-Hypothese, Odysseus 2013) und als Webautor hinzu.

Ein Teil der Bücher ist auch im Internet zugänglich:

www.klaus-piontzik.de
www.pimath.de
www.die-alien-hypothese.de
www.wahrscheinlichkeiten-in-der-galaxie.com
www.odysseus2013.de
www.pimath.eu (Gitterstrukturen des Erdmagnetfeldes)
www.planetare-systeme.com

Planetare Systeme der Erde 2

INHALTSVERZEICHNIS

Seite

Einführung

Alles beginnt mit der Frage: Wie verhalten sich Schwingungen um eine Kugel herum?
Der mathematische Ansatz bzw. Ausgangspunkt ist die Laplace-Gleichung. Sie stellt eine mathematische Gleichung zur Beschreibung von **Schwingungsphänomene im Raum** dar. Als Lösung dieser Gleichung erhält man **zwei** Funktionen: den **Winkelanteil** und den **Radialanteil**. Wobei der Winkelanteil die Gitterstruktur eines Schwingungsgefüges produziert und der Radialanteil die Schichtungsstruktur liefert.

Mit der Konstruktion des räumlichen Schwingungsgefüges in Band 1 steht ein mathematisch/physikalisches Modell zur Verfügung, dass es ermöglicht, Strukturen der Erde wie die geologischen Schalen oder atmosphärischen Schichten auf einer Schwingungsbasis zu erklären.
Bei einem Schwingungsgefüge wechseln sich Maxima und Minima innerhalb einer Schwingungsschicht ab. Eine Schwingung = zwei Zellen. In der Mitte einer jeden Zelle befindet sich ein Schwingungs–Maxima oder –Minima, der sogenannte **Polpunkt**. Eine gesamte Zelle besitzt daher eine positive oder eine negative „Ladung".
Die Zellenwände sind **Nullwände** (Interferenzen entstanden aus Nullfronten der zugrunde liegenden Elementarschwingungen). Sie stellen als neutrale Zonen die Übergänge von einer Zellenladung zur nächsten dar.
Jedem Punkt im Raum eines Schwingungsgefüges ist daher ein bestimmter Schwingungswert (Amplitude) zuordbar.

In diesem Band 2 wird das Modell des Schwingungsgefüges auf bestimmte Strukturen der Radiästhesie angewandt und es kann gezeigt werden, dass das **Curry-Netz**, **das Benker-System**, **das Hartmann-Gitter** und die **Wittmannschen Polpunkte** ein **Planetares System** bilden, welches ein **Subsystem** des **magnetischen Erd-Schwingungsgefüges** darstellt.

Teil 5 gibt eine Übersicht der zu behandeln Gitternetze. Sowie die Entdeckung und Beschreibung der magnetischen Ausrichtung der Gitter durch Hartmann und die Konsequenzen die sich daraus ergeben. Es erfolgt eine Ableitung des Curry-Netzes und des Benker-Kuben-Systems aus dem gegebenen Schwingungsmodell.

Gitter sind Teile von Schichtungsgefügen, die sich wie gedämpfte harmonische Oszillatoren verhalten und als solche in ihrem Verhalten auch beschrieben und gemessen werden können. In **Teil 6** werden die einzelnen Gitter aus dem Grundfeldmodell **abgeleitet** und **berechnet**, speziell das Benker-Kuben-System, das Hartmann-Gitter und das Curry-Netz mit den Wittmannschen Polpunkten.
U.a. kann mathematisch/physikalisch gezeigt werden, dass in mitteleuropäischen Breiten das Benker-System tatsächlich kubenförmig ist. Insgesamt resultieren durch die Gitterlängen dann die zugehörigen Wellenlängen und damit die Frequenzen für die Gitter und es kann eine reproduzierbare **Messmethode** aufgezeigt werden, wie die Gitter zu detektieren bzw. nachzuweisen sind.

Teil 7 beschäftigt sich mit dem Zusammenhang von Erdmagnetfeld und Lebewesen, speziell den Menschen betreffend. Das Magnetfeld und das magnetische Schwingungsgefüge existieren seit mindestens 3 Milliarden Jahren. Die gesamte menschliche Evolution hat sich im natürlichen Magnetfeld dieses Planeten entwickelt.
Die Übereinstimmung der Erdfrequenz mit dem Alpha-Bereich der Gehirnwellen, die Übereinstimmung der Schumann-Frequenz mit der Hippocampus-Frequenz und dem Theta-Bereich der Gehirnwellen, die Problematik die sich bei Astronauten oder bei magnetischer Abschirmung ergibt, wenn das Erdfeld also fehlt, das Adey-Fenster, die Arbeiten von Kirschvink zu Magnetitkristallen im menschlichen Gehirn, sowie die Studien Wevers zu circadianen Rhythmen zeigen eine **Anpassung** des Menschen an das magnetische Schwingungsgefüge.

Zu erwähnen wären auch die Experimente mit einem medizinischen Verfahren, das als repetitive Transcranielle Magnetstimulation bzw. **rTMS** bezeichnet wird, das Magnetfelder benutzt um einzelne Gehirnbereiche anzuregen. Alle Versuche mit TMS zeigen, dass unser Gehirn direkt auf elektromagnetische Einflüsse reagiert.
Auch die Studien zur elektromagnetischen Verträglichkeit und die Auswirkungen von Elektrosmog und schließlich das Grundfeldmodell legen die Konsequenz nahe, dass Lebewesen von (elektro)magnetischen Feldern abhängig sind. Sowohl die **Frequenzen** als auch die **Intensitäten** dieser Felder sind dabei relevant.

Auf dieser Basis kann das Muten bzw. das Phänomen des „Wünschelrutengehens" als Wahrnehmung von Impedanzänderungen des magnetischen Feldes erklärt werden.
Durch die Invertierung der Wahrnehmung kommt es zu es hier zu der subjektiven Ansicht, dass da etwas sein müsste. Bei der Annah-

me einer Existenz von „Erdstrahlen" handelt es sich daher um eine subjektive Fehlinterpretation einer realen Wahrnehmung.

Es lässt sich ein Experiment angeben mit dem das Muten und seine Funktionsweise belegt werden kann und mit dessen Hilfe sich auch „Sensitive" finden lassen.

Die Laufbrett- und Röhren-Versuche von Betz und König werden behandelt, sowie auch die Kritik und alternativen Vorstellungen des Skeptikers Lambeck zum Thema Radiästhesie.

In **Teil 8** erfolgt die Zusammenfassung und Analyse der vorgelegten Daten, sowie eine erkenntnistheoretische Betrachtung der Gesamtsituation, in wieweit sich das Modell verifizieren lässt und auch im Sinne Poppers falsifizierbar ist.

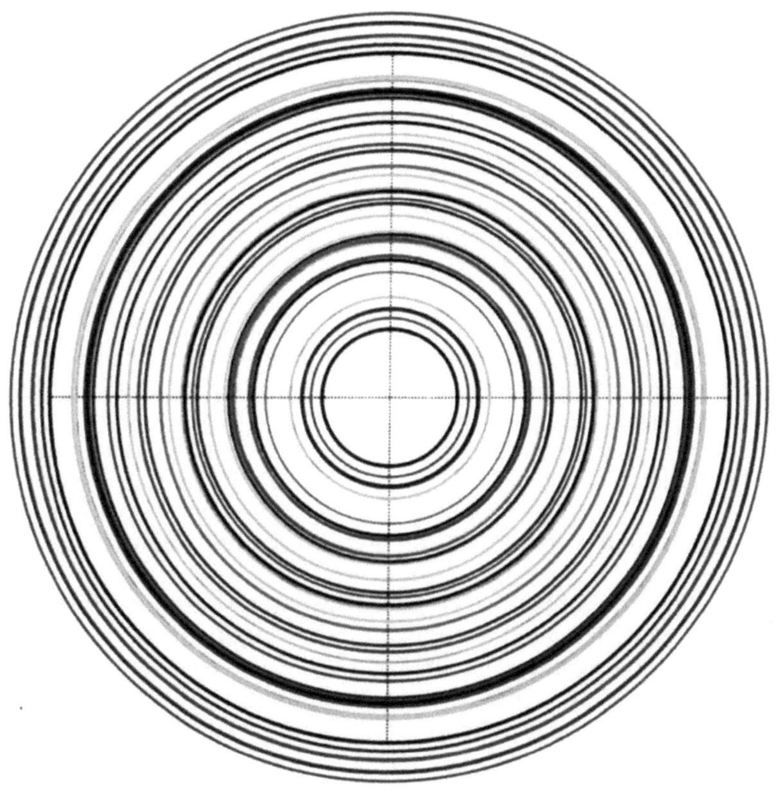

Teil 5 – Schwingungsgefüge

10 – Schwingungsgefüge der Erde

10.1 – Magnetisches Schwingungsgefüge

Nach dem Grundfeld-Modell und den Voraussetzungen und Aussagen von Band 1 [1] gilt:

magnetisches Schwingungsgefüge = Erdschwingungsgefüge

Damit lassen sich folgende Phänomene erklären:

1) Bildung der geologischen Schalen
    Bei Entstehung der Erde diente das Schwingungsgefüge als Kristallisationsgrundlage für die Schichten- und Polyederbildung. (Band 1 – Kapitel 5.2)

2) Elektrisches Feld der Erde
    Das elektrische Erdfeld wird durch das magnetische Schwingungsgefüge in seinen Schichtungen (Ozon, d, e, f) aufrecht erhalten. (Band 1 – Kapitel 5.3)
    ==> das Erdmagnetfeld ist der Motor des elektrischen Erdfeldes

Siehe dazu auch „Gitterstrukturen des Erdmagnetfeldes". [2]

Es ist zu berücksichtigen das ein Schwingungsgefüge selbst schon die INTERFERENZ einer Summe von Schwingungen ist.
Das Schwingungsgefüge ist, im Falle der Erde, eine etwas mehr als erdgroße Kugel mit einer radialen zellenartigen Struktur, die sich insgesamt wie ein gedämpfter harmonischer Oszillator verhält.

Daher ist ein Schwingungsgefüge nur bedingt mit einer freien elektromagnetischen Welle vergleichbar.
Ein Unterschied zu einer normalen stehenden Welle besteht darin, das bei einem Schwingungsgefüge die Maxima und Minima nicht zusammenfallen. Eine stehende Welle besteht ja aus einer Reihe von Schwingungsextrema und Nullpunkten.

Bei einem Schwingungsgefüge wechseln sich Maxima und Minima ab. **Eine Schwingung = zwei Zellen.**

In der Mitte einer jeden Zelle befindet sich ein Schwingungsmaxima oder -minima. Der sogenannte **Polpunkt**. Eine gesamte Zelle besitzt daher eine positive oder eine negative „Ladung".

Die Zellenwände sind **Nullwände** (Interferenzen, entstanden aus Nullfronten der zugrunde liegenden Elementarschwingungen). Sie stellen als neutrale Zonen die Übergänge von einer Zellenladung zur nächsten dar.

Jedem Punkt im Raum eines Schwingungsgefüges ist daher ein bestimmter Schwingungswert (Amplitude) zuordbar. Daher lässt sich ein Schwingungsgefüge auch als ein skalares Feld betrachten.

Auch daher ist ein Schwingungsgefüge nur bedingt mit einer freien elektromagnetischen Welle vergleichbar.

10.2 – Die Gitter der Radiästhesie

Dr. med. **Ernst Hartmann** [3] beschrieb erstmalig 1954 und ab 1964 in seinem Buch „Krankheit als Standortproblem" [4], ein rechteckiges Gitter aus sogenannten **Reizstreifen**. [5]

Diese sollen in der „magnetischen Nord-Süd Richtung" (in Mitteleuropa) mit etwa 2 Meter Abstand und in der West-Ost-Richtung mit etwa 2,5 Meter Abstand verlaufen. Die einzelnen Felder sollen dabei eine abwechselnde Polarität besitzen.

Die Reizstreifen, sogenannte „Hartmann-Linien" sollen etwa 20-30 cm breit sein.

In der Radiästhesie und anderen Bereichen ist dafür inzwischen der Name **Hartmann-Gitter** bzw. Hartmanngitter üblich. Man verwendet ebenso die Bezeichnung Hartmannnetz bzw. Hartmann-Netz.

Es wird inzwischen in der Radiästhesie, Baubiologie und der Geobiologie benutzt.

Bei dem „Globalgitter" handelt es sich nach Auffassung von Wünschelrutenrutengängern und anderen Radiästheten um ein natürliches, erdmagnetisches Gitternetz.

Bereits in den 30er Jahren beschrieb es der Radiästhet François Peyré [7]. Hartmann bezeichnete diese Struktur als „**Globalnetzgitter**". Im radiästhetischen Sprachgebrauch haben sich die Namen GNG (Globales Netz Gitter) oder GGN (Globales Gitter Netz) durchgesetzt.

Nach Überzeugung der Radiästheten ist an den Stellen, an denen sich Hartmann-Linien kreuzen oder an den Kreuzungen von Hartmann-Linien und anderen Reizquellen (z.B. unterirdische Wasseradern, Verwerfungen) je nach Höhe des Reizes (Radiästheten verwenden den Begriff „Reizwert" für eine in Hunderterschritten ansteigende Maßzahl) ist mit gesundheitlichen Dispositionen oder Beeinträchtigungen zu rechnen.

Ernst Hartmann führte ab 1949 geophysikalische Versuche, Messungen der Bodenleitfähigkeit, der Erdmagnetfeldstärke und auch Versuche mit UKW-Feldstärkemessungen durch, hauptsächlich an den Gitterkreuzungen, um die Existenz bzw. die Wirkung des Globalnetzgitters zu beweisen.
In den Jahren 1969 bis 1980, erfolgten systematische Gammastrahlungs- bzw. Kernstrahlungsmessungen. Diese Versuche erbrachten zum Teil signifikante Zusammenhänge, dass sich bestimmte physikalische Parameter wie die elektrische Boden- und Luftleitfähigkeit oder die elektromagnetische Feldstärke, an geopathogenen Zonen verändern. In dem Buch „Krankheit als Standortproblem" sind alle Experimente ausführlich dokumentiert. [4]

Anton Benker entdeckte 1953 das sich die ganze Erdoberfläche und der darüber liegende Raum in würfelförmige Zellen (Kuben) im Abstand von 10 Meter aufgliedert. [8]
Das **Benker-Kuben-System** ist ein kubisches Gitter, aus so genannten Reizstreifen bestehend. Diese verlaufen in der magnetischen Nord-Süd-Richtung und in der West-Ost-Richtung mit etwa 10 Meter Abstand. Die einzelnen Kuben besitzen dabei eine abwechselnde „Polarität". Die Reizstreifen sollen etwa 30-40 cm breit sein.
Das Hartmann-Gitter ist in das Benker-System eingebettet. Das Benker-Kuben-System wird meistens als übergeordnetes System zum Hartmann-Gitter gesehen.

Ein weiteres Gitternetz, früher auch **Diagonalgitternetz** genannt, wurde 1951 von **Siegfried Wittmann** erstmalig auf der Hauptversammlung des deutschen Rutengänger Verbandes in Detmold beschrieben. Auf dem Wittmann-Netz existieren polare Felder, die als **Wittmannsche Polpunkte** bekannt sind und einen Abstand von etwa 20 Meter besitzen. [9]

Die eigentlich durchschlagende Veröffentlichung über das Diagonalgitternetz stammte von Dr. **Manfred Curry**, der den Namen Wittmann allerdings nicht erwähnte. [10]
Daher wird es heute meist einfach Curry-Gitter oder auch **Curry-Netz** genannt. Es verläuft von NO nach SW und von NW nach SO. Das Rastermaß beträgt dabei etwa 3,6m x 3,6m.

11 – Schwingungsstruktur der Gitter

11.1 – Der Versuch von Hartmann

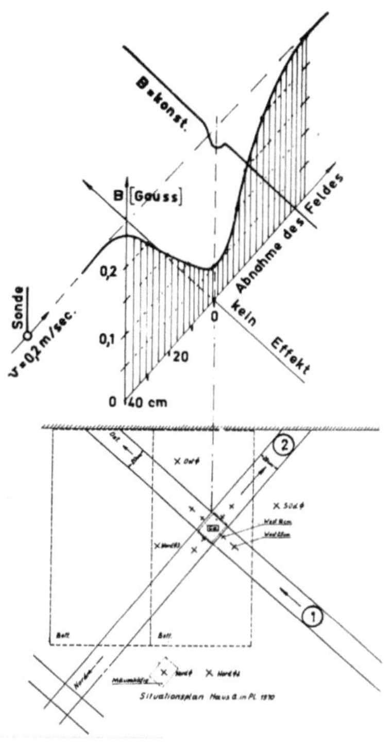

Abbildung 11.1.1 zeigt einen Versuch, den Hartmann mit einem magnetischen Sensor (Hallsonde) an einem Kreuzungspunkt des Gitters ausführte.

Dabei wurde die Sonde einmal in Nord-Süd- und dann in West-Ost-Richtung bewegt und dabei die magnetische Flussdichte bestimmt.

In Nord-Süd-Richtung ist eine deutlich erkennbare Senke in der magnetischen Flussdichte zu erkennen.

In West-Ost-Richtung ist die Abweichung nur minimal.

Siehe dazu sein Buch Krankheit als Standortproblem – Seite 457 (Abb. 263). [4]

Abbildung 11.1.1 - Der Versuch von Hartmann mit einem Hall-Sensor

Mit seinem Hallsonden-Versuch ist Hartmann auf die Schwingungsstruktur des Gitter-Phänomens gestoßen, ohne allerdings die Tragweite zu erkennen. Wenn Hartmann einen Abfall, also eine Senke des magnetischen Feldes, am Orte **eines** Kreuzungspunktes detektieren konnte, so ist die Konsequenz, dass hier eine **Reihe** von Senken vorliegt – durch die regelmäßige Gitterstruktur bedingt.

Zwischen den Senken existieren dann aber auch Höhepunkte. Und eine Folge von Minima und Maxima ist eine **Schwingung**.

Da das Gitter in der **magnetischen Nord-Süd Richtung** als Schwingung gezeigt werden konnte, ist dies gleichzeitig auch der Nachweis, dass das Hartmann-Gitter mit dem **zonalen** Anteil des Erdmagnetfeldes in Beziehung steht.

Durch die Gitterstruktur bedingt müsste auch ein sektorieller Anteil vorhanden sein, so dass sich eine **tesserale Kugelflächenfunktion** [11] für das Hartmann-Gitter und das Benker-Kuben-System generieren lässt.

11.2 - Magnetische Schwingungsstruktur

Als physikalische Ursache des Erdmagnetfeldes werden Strömungen, des flüssigen Magmas, im Erdkern angesehen. Der äußere Erdkern liegt in einer Tiefe zwischen rund **2900** km und **5100** km bzw. einem Mittelpunktabstand von **1271** km bis **3471** km. Dort rotiert eine flüssige, kugelförmige Masse aus einem Eisen-Nickel-Gemisch um sich selbst. Diese Masse erzeugt magnetische, pulsierende Felder aufgrund elektrischer bewegter Ladungen. Die erdmagnetfelderzeugenden Elemente sind magmatische Ströme, von etwa 2900 km Tiefe an abwärts. (Band 1 – Kapitel 5)

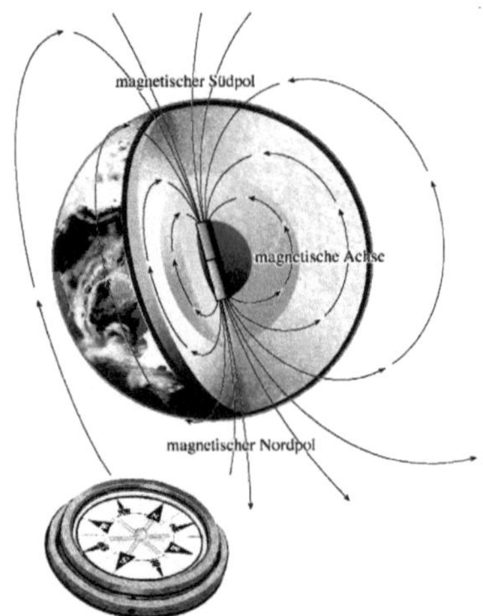

Aus der Schule, und aus den Medien kennen wir das Magnetfeld der Erde stets als ein Feld, dass dem Feld eines Stabmagneten entspricht. Es ist das sogenannte **Dipolfeld**.
Historisch bedingt erklärt diese Sichtweise des Magnetfeldes das Verhalten einer Inklinationsnadel.
Die Nadel steht am Pol **senkrecht** zur Erdoberfläche und am Äquator **waagerecht** zur Erdoberfläche. [12] [13] (Band 1 – Kapitel 4)

Abbildung 11.2.1 – Dipolfeld

In der Praxis zeigt sich jedoch, dass das Magnetfeld der Erde eine vierpolige Struktur besitzt, wenn man sich dazu eine Karte der Totalintensität des *World Magnetic Model* - WMM 2005 anschaut. [14]

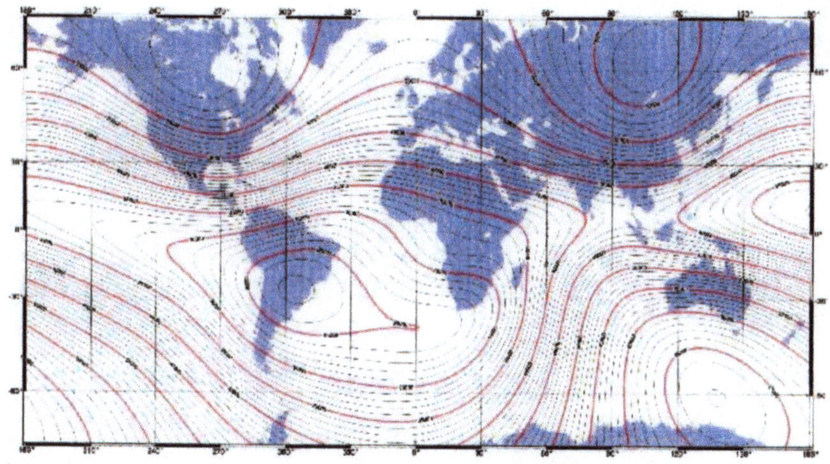

Abbildung 11.2.2 – Magnetische Extrema

Laut der **numerischen Fourier-Analyse** (Band 1 – Kapitel 4.5.1) beträgt der statische Anteil des Erdfeldes in Gleichung 2.5.2.1 **47,2183 µT**. Der minimalste Wert des Feldes liegt bei **24 µT**, der maximalste Wert beträgt **62 µT**. Daraus erklärt sich, dass sich etwa **75 %** des Feldes wie ein **permanenter Magnet** verhalten, d.h. nur **25 %** des Feldes bilden das magnetische Schwingungsgefüge.

Das magnetische Schwingungsgefüge wird oft als Nicht-Dipolfeld (bzw. Non-Dipol-Feld) bezeichnet und macht etwa **14-16%** der Intensität des Gesamtfeldes aus.

Durch die qualitative und quantitative Analyse bedingt, lässt sich folgende Gesamtgleichung 4.5.1.1 (Band 1) für die magnetische Flussdichte an der Erdoberfläche erstellen:

$$B = \sum_{i=0}^{n} \sum_{j=0}^{m} \left(a_{ji} \cdot \cos j\varphi + b_{ji} \cdot \sin j\varphi\right) \cdot \left(\cos i\lambda + \sin i\lambda\right)$$

Das Magnetfeld der Erde (an der Erdoberfläche) lässt sich vollständig durch eine Summe von Gittern beschreiben.

Genauer:

Das Magnetfeld an der Erdoberfläche lässt sich vollständig durch eine Summe von tesseralen Kugelflächenfunktionen darstellen.

11.3 – Vier Pole

Die Existenz von **vier** Polen hinsichtlich der Totalintensität weist auf
zwei Strömungen bzw. Strömungssysteme hin. Die Störung des Erdmagnetfeldes auf der Südhabkugel zeigt, dass hier (mindestens)
zwei Strömungen bzw. Strömungssysteme vorliegen, die nicht richtig
symmetrisch zueinander liegen und auch nicht synchronisiert, bzw.
fest miteinander gekoppelt sind. (Band 1 – Kapitel 4.7)
Wenn zwei magnetfelderzeugende Strömungssysteme vorhanden
sind, entstehen vier Pole. Daraus resultieren drei mögliche Schwin-
gungsgrundstrukturen:

a) Es bauen sich zwei gerade Schwingungen auf – vier Maxima

b) Es bauen sich zwei ungerade Schwingungen auf – zwei Maxima und zwei Minima

c) Es baut sich eine gerade und eine ungerade Schwingungen
auf – drei Maxima und ein Minimum.

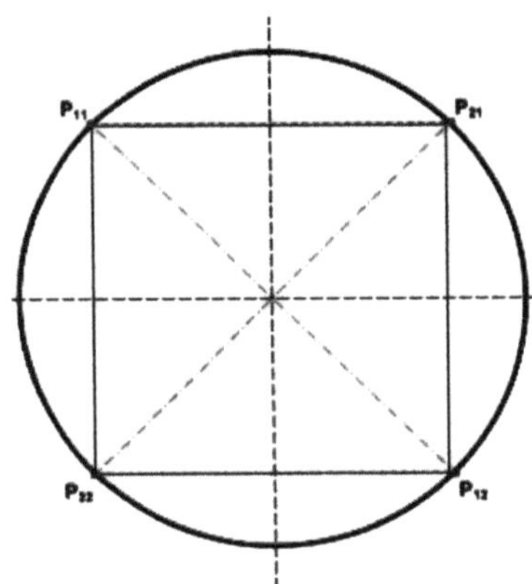

Bei einer idealen (ungestörten)
Quellpunktanordnung liegen **alle
Quellen** in der Ebene des **Haupt-
meridians**, auf den Eckpunkten
eines **Quadrates**.

Abbildung 11.3.1 – Ideale Anordnung

Die Abbildung 11.3.2 zeigt die ermittelten realen **huygenschen
Quellenbereiche** (schwarz) des magnetischen Gesamtfeldes nach
Band 1 - Kapitel 4.7.1 Das rote Gittersystem entspricht hier dem
Benker-Kuben-System bzw. dem **Hartmann-Gitter**.
Die blaue und die grüne Linie stellen die theoretische (mathemati-
sche) Verbindung zwischen den idealen Quellpunkten dar und rep-
räsentieren hier das **Curry-Gitter** bzw. die **Grundschwingungen**.

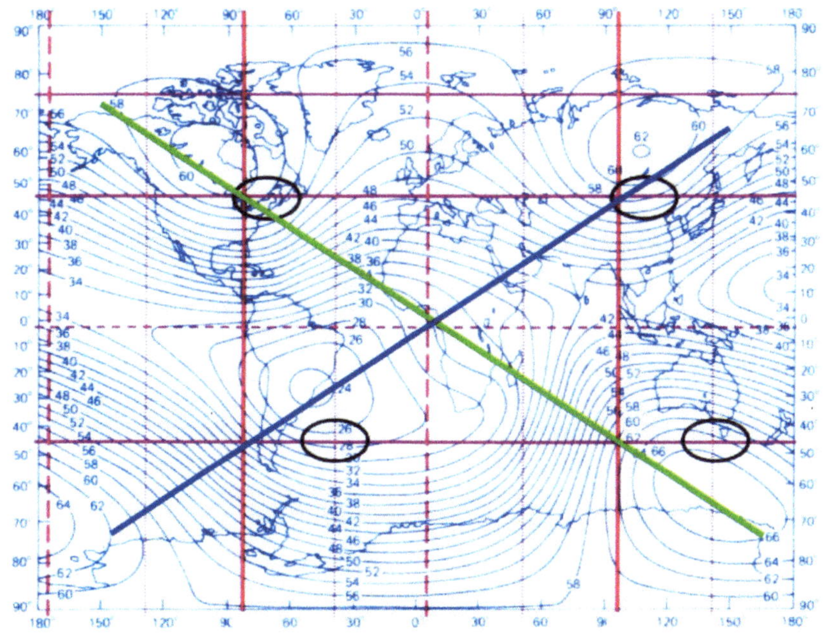

Abbildung 11.3.2 – Quellpunkte des magnetischen Feldes

Die huygenschen Quellenbereiche decken sich etwa mit den magnetischen Extremalbereichen. (Band1 – Kapitel 4.7)
Der Hauptmeridian des magnetischen Feldes ergibt sich zu:
λ_0 = **13,5 West** (Band1 – Kapitel 4.6.1)
Bedingung für **n** Schwingungen um eine Kugel (Band 1 - Gleichung 2.0.4):

$$n \cdot \alpha = 2\pi \qquad n \in N$$

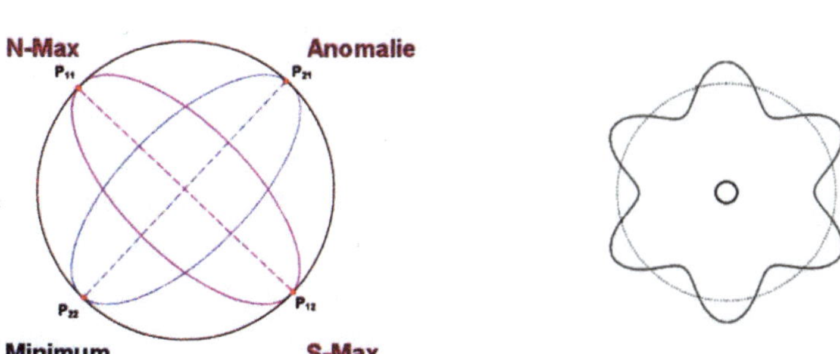

Abbildung 11.3.3 – Schwingungsanordnung der magnetischen Extrema

Auf der N-Max-S-Max-Achse baut sich eine Schwingung auf und auf der Minimum-Anomalie-Achse baut sich ebenfalls eine Schwingung auf.

1) Auf der N-Max-S-Max-Achse baut sich eine Schwingung auf, die sich wie eine **gerade** Schwingung verhält - zwei Maxima stehen sich gegenüber.

2) Auf der Minimum-Anomalie-Achse baut sich eine Schwingung auf, die sich wie eine **ungerade** Schwingung verhält - ein Maximum und ein Minimum stehen sich gegenüber.

Zwei Sinus- bzw. Kosinuswellen die senkrecht aufeinander stehen und sich additiv oder multiplikativ überlagern, ergeben **tesserale Kugelflächenfunktionen**. [11] Nach Band 1 - Kapitel 2.1 lassen sich diese wie folgt darstellen.

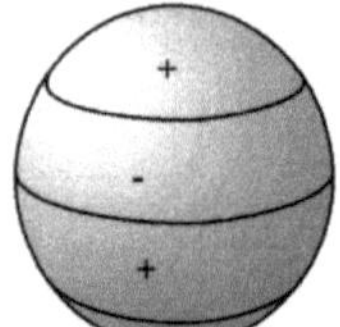

Zonale Kugelflächenfunktionen hängen lediglich vom **Breitengrad** ab.

$$\sin\varphi$$
$$\cos\varphi$$

Abbildung 11.3.4 – Zonale Kugelflächenfunktion

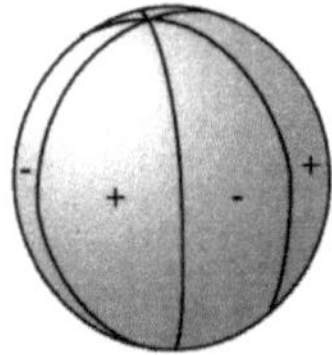

Sektorielle Kugelflächenfunktionen hängen lediglich vom **Längengrad** ab.

$$\sin\lambda$$
$$\cos\lambda$$

Abbildung 11.3.5 – Sektorielle Kugelflächenfunktion

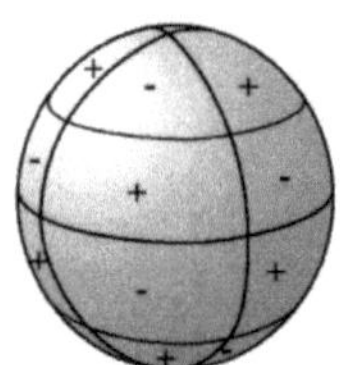

Tesserale Kugelflächenfunktionen hängen vom **Breitengrad** und vom **Längengrad** ab.

$$\sin\varphi \cdot \sin\lambda$$
$$\sin\varphi \cdot \cos\lambda$$
$$\cos\varphi \cdot \sin\lambda$$
$$\cos\varphi \cdot \cos\lambda$$

Abbildung 11.3.6 – Tesserale Kugelflächenfunktion

11.4 – Addition und Multiplikation von Schwingungen

Das Bild links zeigt die beiden Grundschwingungen. Die Nullpunkte der beiden Wellen werden auf die Betrachtungsebene übertragen, wie im Bild rechts dargestellt. (siehe auch Band 1 – Kapitel 2.2)

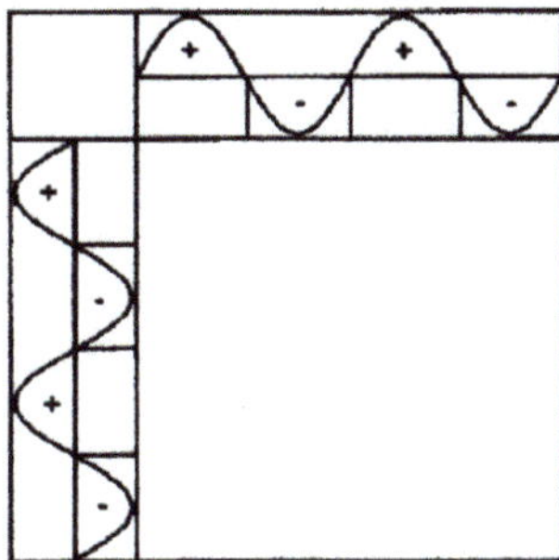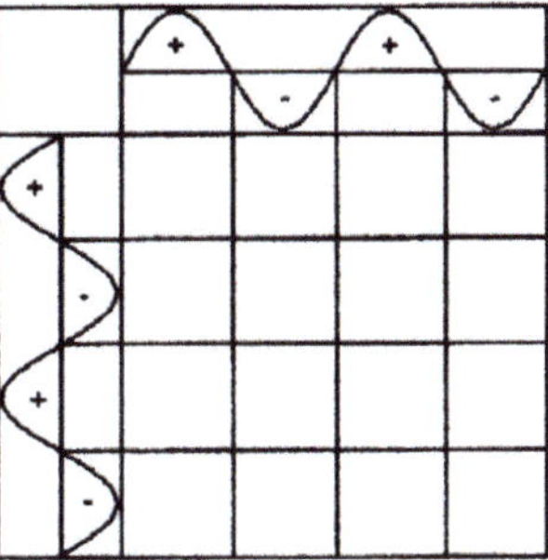

Abbildung 11.4.1 – Nullgitter

Das sich ergebende Gitternetz wird als **Nullgitter** bezeichnet. Dies entspricht einer tesseralen Kugelflächenfunktion mit:

$$G_0 = \sin\alpha \cdot \sin\beta$$

Zwei senkrechte Wellen lassen sich dann nach folgenden **qualitativen** Regeln **addieren**.
Den einzelnen Zellen des Nullgitters wird jeweils eine Polarität zugeordnet, die sich nach folgender Regel ergibt:

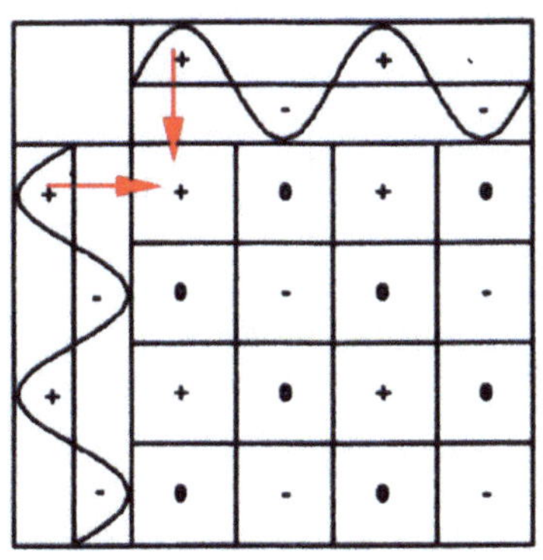

Polbildung:

1) + und + ergibt +
2) – und – ergibt –
3) + und – ergibt 0

Abbildung 11.4.2 – Multiplikation

Wie zu sehen ist, ergeben sich Felder mit verschiedenen Vorzeichen bzw. verschiedenen Zuständen. Es existieren drei Schwingungszustände: **positiv(+), negativ(–), neutral(0)**

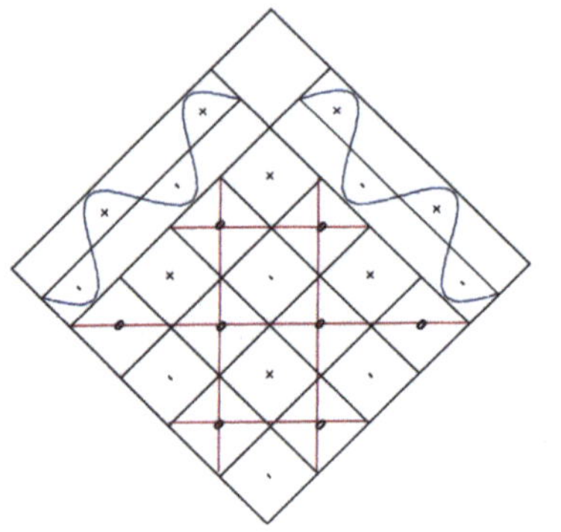

Abbildung 11.4.3 – erzeugtes Gitter

Gitterbildung:

Auffallend ist, dass alle Nullfelder **diagonal** zueinander liegen.

Verbindet man die **Nullfelder** miteinander, so ergibt sich das nebenstehende Bild.

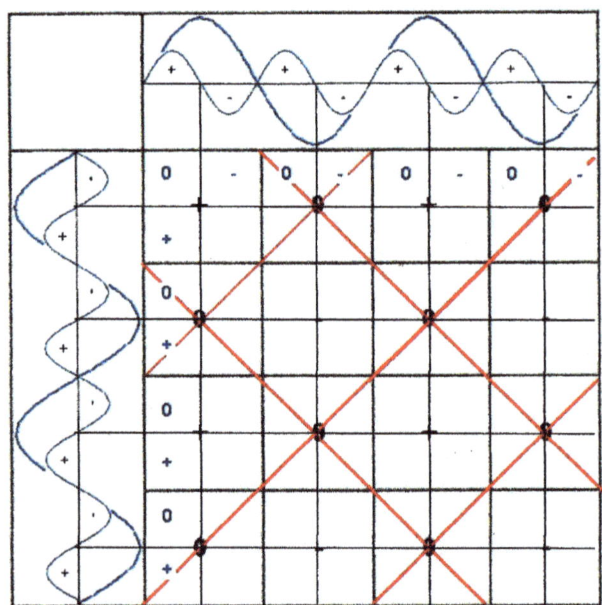

Abbildung 11.4.4 – erzeugtes Gitter und erste Oberwelle

Das rote gitterartige Gefüge ist das **Benker-Kuben-System**. Das **Curry-Netz** /schwarz) entsteht als Nullgitter der ersten Oberwelle.

11.5 – Räumliche Ausbreitung

Mit der Konstruktion des räumlichen Schwingungsgefüges in Band 1 – Kapitel 2 steht ein mathematisch/physikalisches Modell zur Verfügung, dass es ermöglicht, Strukturen der Erde auf einer Schwingungsbasis zu erklären.

Ausgangspunkt ist die Laplace-Gleichung, [15] die von Pierre-Simon Laplace [16] entwickelt wurde. Sie stellt eine mathematische Formel zur Beschreibung von **Schwingungsphänomenen im Raum** dar.
Als Lösung erhält man **zwei** Funktionen: den **Winkelanteil** und den **Radialanteil**. Wobei der Winkelanteil die Gitterstruktur beschreibt und der Radialanteil die Schichtungsstruktur enthält. (Band 1 – Kapitel 2.11)

Das Benker-Kuben-System und das Hartmann-Gitter erfüllen alle Vorraussetzungen für ein Schwingungsgefüge. Siehe dazu Band 1 – Kapitel 2.8 und 2.11.
Das **Benker-Kuben-System** ist ein Kubenförmiges räumliches System mit einer quadratischen 10 Meter Abmessung (in europäischen Breiten). Die auftretenden Kuben besitzen abwechselnde Polarität. Aufgrund der Hartmann-Untersuchung erfolgt:

Das Benker-Kuben-System und das Hartmann-Gitter stellen ein *Globalnetzgitter* des erdmagnetischen Schwingungsgefüges dar

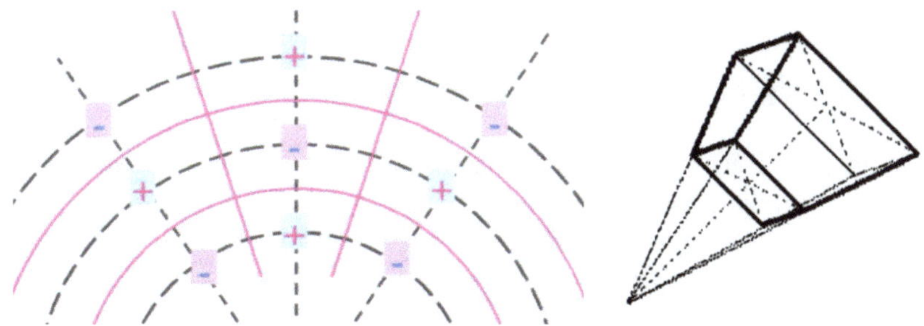

Abbildung 11.5.1 – erzeugtes Gitter

Das Benker-Kuben-System ist als *Globalnetzgitter* darstellbar

Die beteiligten Raum-Gitter bilden dabei, in der Regel, **harmonikale** Verhältnisse. Darunter versteht man ganzzahlige Verhältnisse und auch ganzrationale Zahlen bzw. Zahlen in Bruchdarstellung. Raumgitter die harmonikale Verhältnisse enthalten nennt man **Globalnetzgitter**. (Band 1 – Kapitel 2.10)

Es treten folgende Phänomene auf: (Siehe Band 1 – Kapitel 2.5)

11.5.1 – Schichtenbildung
Durch die Superposition der huygenschen Elementarwellen (Grundschwingungen) bilden sich **Pole** (+, –, 0), die auf **konzentrischen Kugelschalen** liegen, die **Schichten = L** genannt werden.

11.5.2 – Wandbildung
Zwischen diesen Schichten entstehen **Nullpole**, die ebenfalls auf **konzentrischen Kugelschalen** liegen und **Nullwände** genannt werden.

11.5.3 – Polbildung
Durch die Superposition der positiven Elementarwellen bilden sich **Plus-Pole.**
Durch die Superposition der negativen Elementarwellen bilden sich **Minus-Pole.**
Durch die Superposition von positiven und negativen Elementarwellen bilden sich **Nullpole.**

Es entstehen somit **Nullflächen** und die bilden Wände eines gitterförmigen und radialen Schwingungssystems, was auch als **Nullgitter** bezeichnet wird.
Die **Pole** liegen im Mittelpunkt des jeweils **einhüllenden** Null-Quaders und werden **Polpunkte** genannt.

11.6 – Curry-Netz und Benker-System

Im folgenden Bild 11.2.6 stellen die (blauen) erzeugenden Wellen die **Grundschwingungen α, β** dar.
Das (rote) gitterartige Gefüge heißt **erzeugtes Feld** bzw. stellt das **Benker-Kuben-System** dar. Dies entspricht einer tesseralen Kugelflächenfunktion mit:

$$BKS = \sin\alpha + \sin\beta$$

Das komplette **Curry-Netz** entsteht als Nullgitter der erste Oberwelle der Grundschwingungen. Das ist in der folgenden Darstellung gesamt noch einmal abgebildet.

$$C = \sin2\alpha \cdot \sin2\beta$$

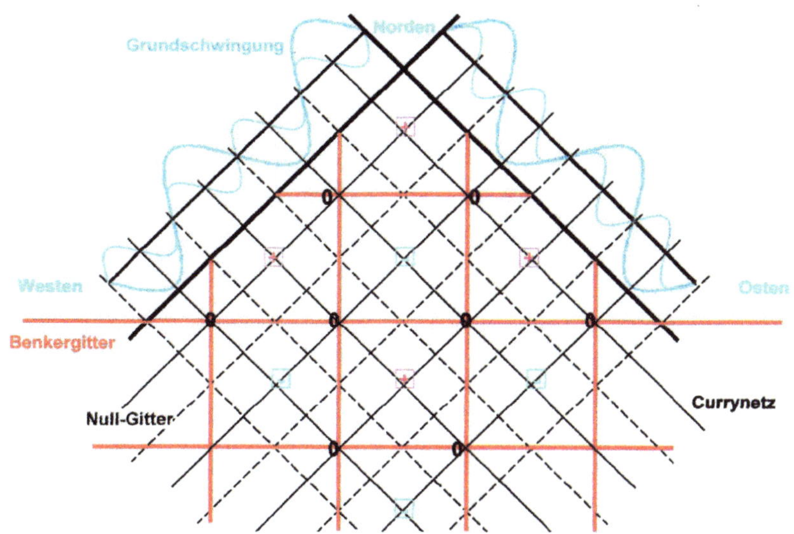

Abbildung 11.6.1 – Benker-System als erzeugtes Gitter

11.6.1 Definition:

1 Grundschwingung = 1 Benkerdiagonale = 4 Curryfelder

1 Benkerdiagonale = $\sqrt{2}$ · Benkerseite

11.6.2 Satz: **Das Curry-Netz wird durch die Multiplikation der ersten Oberwellen der Grundschwingungen erzeugt.**

11.6.3 Satz: **Das Benker-Kuben-System wird durch die Addition der beiden Grundschwingungen erzeugt.**

Die Addition/Multiplikation der Wellen erfolgte bisher wie gesehen, zuerst in einer **diskreten** Art und Weise.
Bei einer **kontinuierlichen**, daher punktweisen Addition/Multiplikation zweier senkrecht aufeinander stehender Wellen, ergeben sich Gittermuster, mit abwechselnden Polaritäten der Gitterfelder, wie in der folgenden Abbildung 11.6.2 dargestellt.

Hier zeigt sich, dass die Feldmaxima und Feldminima in der Mitte der Quadrate **punktförmig** auftreten, während die **Linien aus Null-**

werten bestehen. Die Feldmaxima sind als Hügel zu erkennen, während die Täler durch die Feldminima gebildet werden

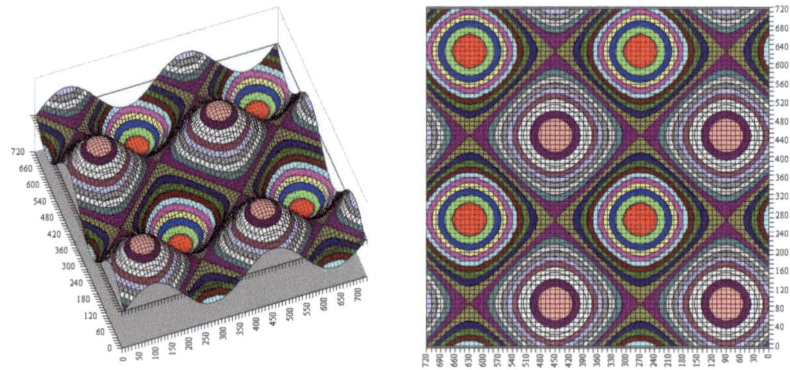

Abbildung 11.6.2 – erzeugtes Gitter

Im linken Bild sind, unten links und rechts, die erzeugenden Schwingungen zu erkennen. Gut zu sehen ist auch, dass jeweils zwei erzeugte Gitterfelder wiederum eine (erzeugte) Schwingung ergeben.

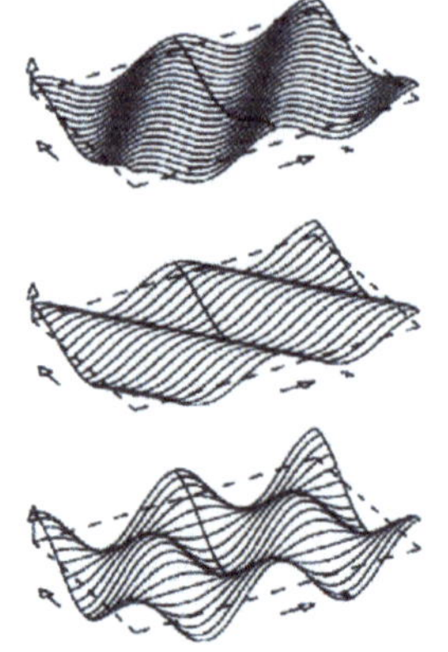

In der nebenstehenden Abbildung ist die Überlagerung noch einmal etwas anders dargestellt.
Zwei senkrecht zueinander verlaufende Wellen ergeben durch Überlagerung das resultierende Wellenmuster.

Abbildung 11.6.3 – erzeugtes Gitter

11.6.4 Definition: **Gitter**

= Tesserale Kugelflächenfunktionen
= Summe/Produkt zweier Schwingungen
= 2 senkrecht aufeinander stehende Wellen
= zweidimensionales Schwingungsgefüge

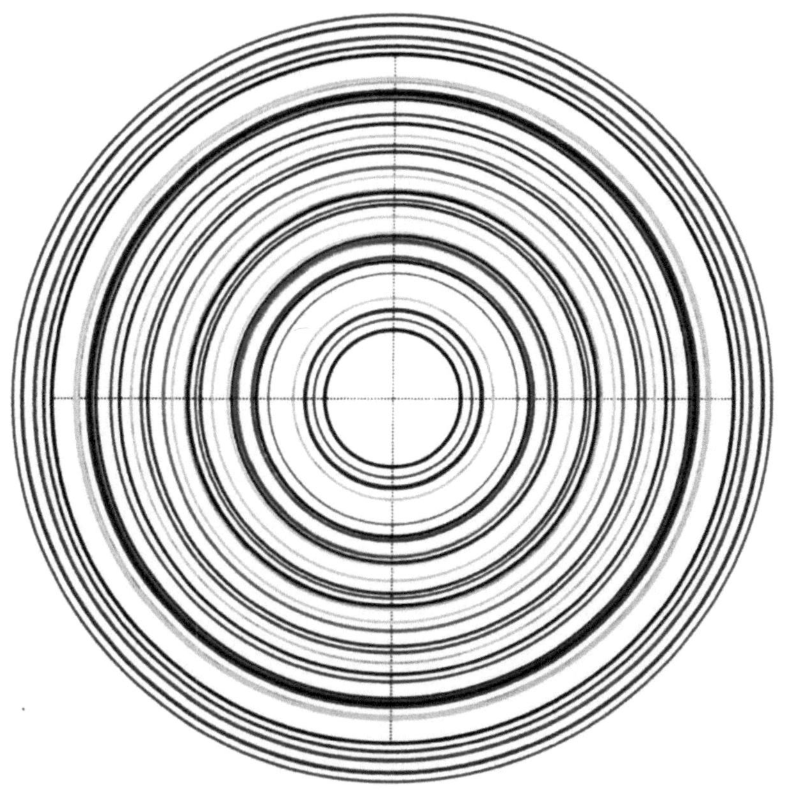

Teil 6 – Ableitung der Gitter

12 – Benker-Kuben-System

12.1 – Grundgrößen

Im folgenden werden hier die Abmessungen von Raumgittern (Planetare Systeme, Band 1, Kapitel 2.8) ermittelt, die sich um die Erde herum bilden.

Die Erde wird dabei zuerst als Kugel, dann in ihrer ellipsoidalen Getalt behandelt. Für die Erddaten werden (wie in Band 1) die Werte des WGS 84 benutzt:

Äquatorradius   **6378137 m**
Polradius   **6356752 m**

Die **Grundhülle** ist nach Band 1 Definition 3.2.1 gegeben mit:

L = 6355758,426 m

Weiterhin gilt nach Band1 Satz 5.1.3 für den inneren Erdkern und die Grundhülle:

$$r_i = \frac{L}{5}$$

Das lässt sich auch so formulieren: **L = 5·r_i**

Die **Erdgrundfrequenz** ist nach Band 1 Definition 3.1.1 gegeben mit: f_0 = **11,7921591 Hz**

Die **Schumann-Frequenz** ist nach Band 1 Definition 3.11.2 gegeben mit: f_s = **7,83 Hz** mit f_0 = **2/3 · f_s** Die Erdgrundfrequenz ist die Quinte der Schumann-Frequenz.

Die **Sferic-Grundfrequenz** ist nach Band 1 Satz 3.1.2 gegeben mit: f_{Sf} = **4150,84 Hz** mit f_{Sf} = **11 · 2^5 · f_0 = 33 · 2^4 · f_s**

Es gilt: **c = 299792458 m/s** als Lichtgeschwindigkeit

12.2 – Die radiale Richtung

Die radialen Schichten in einem Schwingungsgefüge wie im Benker-Kuben-System sind stationäre Extremalzustände und bilden radiale stehende Wellen.

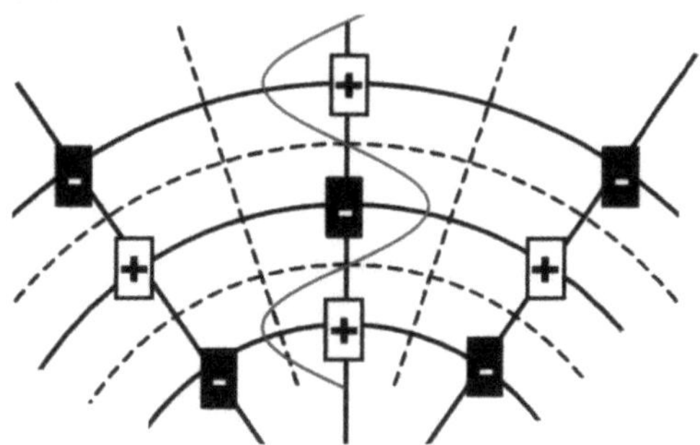

Abbildung 12.2.1 – radiale Schwingungen

Die resultierenden Schichtfrequenzen bzw. Wellenlängen können berechnet werden.
Die radialen Schichten eines Gitters der Erde können direkt aus der Gleichung 2.6.2 (Band 1) für die Wellenlänge der radialen Schwingungen abgeleitet werden.

Mit der Grundhülle **L** ergibt sich für **n** Schwingungen:

$$\lambda_n = \frac{4L}{n}$$

Für die Frequenz gilt:

$$f_n = \frac{c}{\lambda_n} = \frac{c \cdot n}{4L}$$

Für **n=1** gilt: $f_0 = \dfrac{c}{4L}$ Erdgrundfrequenz

Umstellen der Gleichung für λ nach **n** ergibt die **Anzahl der Schwingungen** in radialer Richtung:

12.2.1 - Gleichung: $\boxed{n = \dfrac{4L}{\lambda_n}}$

12.3 – Radiale Schwingungen im Benker-System

Da das Benker-System in radialer Richtung 10 Meter misst, ergibt sich für eine Schwingung = 2 Zellen:

$$\lambda_n = 2 \cdot b_R$$

$b_R = 10\ m \qquad \Rightarrow \qquad \lambda_n = 20\ m$

Die allgemeine Gleichung (12.2.1) für die Schwingungsanzahl des Benker-Gitters in radialer Richtung lautet:

$$n = \frac{4L}{\lambda_n} = \frac{2L}{b_R}$$

==> n = 1271151,685

gerundet: **n = 1.271.152**

rückgerechnet: L = 6355760 m

Vergleich **L = 6355758,426 m**

Differenz: 1,574 m

Der Fehler ist so klein, dass er zu vernachlässigen ist. Daher werden im Weiteren hier folgende Werte benutzt:

L = 6.355.760 m
n = 1.271.152 $\qquad$ = |L|/5 = |r_i|

Es bilden sich 1.271.152 Schwingungen auf einer Länge von $\lambda_0 = 4L$

12.4 – Die West-Ost-Richtung auf der Grundhülle

Da ein Raumgitter, innerhalb einer Schwingungsschicht, aufgebaut ist wie ein geographisches Gitter besitzen die Gitterzellen am Äquator ihre größte West-Ost-Ausdehnung.
Zu den Polen hin werden diese Längen immer kürzer, bis sie an den Polen zu Null werden.

Wenn ein Raumgitter vorliegt baut sich um den Äquator und den Breitenkreisen herum eine Schwingung auf, die die gleiche Schwingungsanzahl besitzt wie in radialer Richtung.

Für den Äquator auf der Grundhülle gilt dann für eine Schwingung:

$$\lambda_{LA} = \frac{2\pi \cdot L}{n} = \frac{U_L}{n}$$

Einsetzen des errechneten Wertes aus 12.3 für **n** ergibt:

$$\lambda_{LA} = \frac{2\pi \cdot 6355760}{1271152} = 31,41592654 \approx 10\pi \text{ Meter}$$

Dann gilt für eine Schwingung des Benker-Systems am Äquator auf der Grundhülle:

12.4.1 - Gleichung: $\boxed{\lambda_{LA} = \dfrac{2\pi \cdot L}{n} = 10\pi}$

Umstellen nach **n** ergibt:

12.4.2 - Gleichung: $\qquad n = \dfrac{|L|}{5} = |r_i|$

Dann gilt auch:

$$\frac{\lambda_{LA}}{\lambda_n} = \frac{\pi}{2} \qquad \Rightarrow \qquad \lambda_{LA} = \frac{\pi}{2} \cdot \lambda_n$$

12.5 – Die West-Ost-Richtung am Äquator

Für den Äquator auf der Erdoberfläche gilt dann für eine Benker-Schwingung:

$$\lambda_A = \frac{2\pi \cdot R_A}{n} = \frac{U_A}{n}$$

Es gilt nach 12.4:

$$\lambda_{LA} = \frac{2\pi \cdot L}{n} = \frac{U_L}{n}$$

Dann gilt:

$$\frac{\lambda_A}{\lambda_{LA}} = \frac{R_A}{L}$$

12.5.1 - Gleichung: $\qquad \lambda_A = \frac{R_A}{L} \cdot \lambda_{LA}$

Einsetzen der Werte ergibt:

$$\frac{R_A}{L} = \frac{6378137}{6355760} = 1,003520743$$

$$\lambda_A = \frac{10\pi \cdot 6378137}{6355760} = 31,526534 \text{ Meter}$$

12.6 – Berücksichtigung des Breitengrades

Geht man vom Äquator zum Nordpol hoch dann werden die West-Ost-Abstände der Gitterzellen kleiner.

Man kann den Erdradius als Variable nehmen. Allgemein gilt dann für den Radius r_B eines beliebigen Breitenkreises mit der geographischen Breite φ:

$$r_B = R_E \cdot \cos\varphi$$

Wobei R_E den Radius der Erde darstellt.

Es gilt:

$$\lambda_{WO} = \frac{U_B}{n} = \frac{2\pi \cdot r_B}{n} = \frac{2\pi \cdot R_E}{n} \cdot \cos\varphi = \frac{U_E}{n} \cdot \cos\varphi$$

Für die Grundhülle $R_E = L$ gilt:

12.6.1 - Gleichung:
$$\boxed{\lambda_{LWO} = \frac{U_L}{n} \cdot \cos\varphi = \lambda_{LA} \cdot \cos\varphi}$$

Auf der Erdoberfläche wenn $R_E = R_A$ gilt:

12.6.2 - Gleichung:
$$\boxed{\lambda_{WO} = \frac{U_A}{n} \cdot \cos\varphi = \lambda_A \cdot \cos\varphi}$$

Der West-Ost-Abstand der Gitterzellen des Benker-Kuben-Systems ist praktisch nur von der geographischen Breite abhängig.

Für eine **Benkerschwingung** in West-Ost-Richtung gilt dann:

$$\lambda_{WO} = \lambda_A \cdot \cos\varphi = \frac{R_A}{L} \cdot \lambda_{LA} \cdot \cos\varphi$$

12.6.3 - Gleichung:
$$\boxed{\lambda_{WO} = 10\pi \cdot \frac{R_A}{L} \cdot \cos\varphi}$$

Für eine **Benkerzelle** in West-Ost-Richtung gilt dann:

$$b_{WO} = \frac{\lambda_{WO}}{2}$$

12.6.4 - Gleichung:
$$\boxed{b_{WO} = 5\pi \cdot \frac{R_A}{L} \cdot \cos\varphi}$$

12.7 – Ellipsengestalt der Erde

Geht man vom Äquator zum Nordpol hoch dann werden nicht nur die West-Ost-Abstände der Gitterzellen kleiner. Auch verkürzt sich der Erdradius von R_A auf R_P.

Genau genommen bewegt sich R_E entlang einer Ellipse. Die Komponenten für eine Erdellipse lauten:

Formfaktor:

$$f_0 = \frac{R_p}{R_A} = 0{,}99664714$$

Numerische Exzentrizität:

$$\varepsilon = \frac{\sqrt{R_A^2 - R_p^2}}{R_A} = \sqrt{1 - f_0^2} = 0{,}081819791$$

Die Gleichung für den Ellipsen-Radius lautet:

$$R_E = \frac{R_p}{\sqrt{1 - \varepsilon^2 \cdot \cos^2 \varphi}} = \frac{R_A}{\sqrt{1 - \varepsilon^2 \sin^2 \varphi}}$$

Für die Wellenlänge gilt:

$$\lambda_{WO} = \frac{U_B}{n} = \frac{2\pi \cdot r_B}{n} = \frac{2\pi \cdot R_E}{n} \cdot \cos \varphi$$

Ersetzt man in der Gleichung für λ_{WO} den Radius Erdradius R_E durch die Ellipsengleichung, so ergibt sich insgesamt:

$$\lambda_{WO} = \frac{2\pi \cdot R_A}{n} \cdot \frac{\cos \varphi}{\sqrt{1 - \varepsilon^2 \cdot \sin^2 \varphi}} = \lambda_A \cdot \frac{\cos \varphi}{\sqrt{1 - \varepsilon^2 \sin^2 \varphi}}$$

$$\lambda_{WO} = \lambda_A \cdot \frac{\cos\varphi}{\sqrt{1 - \varepsilon^2 \cdot \sin^2\varphi}} = \frac{R_A}{L} \cdot \lambda_{LA} \cdot \frac{\cos\varphi}{\sqrt{1 - \varepsilon^2 \sin^2\varphi}}$$

Einsetzen von λ_A bzw. λ_{LA} ergibt dann folgende Gesamtgleichung für die Wellenlänge der Gitterschwingungen des Benker-Kuben-Systems unter Berücksichtigung der elliptischen Gestalt der Erde:

12.7.1 - Gleichung:

$$\lambda_{WO} = \frac{2\pi \cdot R_p}{n} \cdot \frac{\cos\varphi}{\sqrt{1 - \varepsilon^2 \cdot \cos^2\varphi}} = \frac{2\pi \cdot R_A}{n} \cdot \frac{\cos\varphi}{\sqrt{1 - \varepsilon^2 \sin^2\varphi}}$$

Die Wellenlänge der Gitterschwingungen des Benker-Kuben-Systems in West-Ost-Richtung ist praktisch nur von der geographischen Breite abhängig.

12.8 – Geographische Breite für kubische Gestalt

Die Gleichung 12.7.1 erlaubt eine Berechnung des Breitengrades bei dem der radiale Anteil gleich dem West-Ost Anteil ist und somit ein quadratischer Querschnitt der Gitterzelle vorhanden ist.

Es gilt dann: $\lambda_n = \lambda_{WO}$

Einsetzen der bisher ermittelten Terme in die obige Gleichung ergibt:

$$\frac{4L}{n} = \frac{2\pi \cdot R_p}{n} \cdot \frac{\cos\varphi}{\sqrt{1 - \varepsilon^2 \cdot \cos^2\varphi}}$$

$$1 = \frac{\pi \cdot R_p}{2L} \cdot \frac{\cos\varphi}{\sqrt{1 - \varepsilon^2 \cdot \cos^2\varphi}}$$

Durch Umstellen nach **cos φ** ergibt sich für die geographische Breite:

$$\cos\varphi = \frac{1}{\sqrt{\dfrac{\pi^2 \cdot R_p^2}{4L^2} + \varepsilon^2}} = 0{,}635659291$$

Und damit **φ = 50,5311 Grad.**   = 50° 31′ 52″

Wenn Kugelgestalt der Erde angenommen wird, also **$R_P=R_A$** und **ε=0** dann gilt:

$$\cos\varphi = \frac{2}{\pi}$$

Und damit **φ = 50,4597 Grad.**   = 50° 27′ 35″

Zwischen elliptischer und kugelförmiger Gestalt besteht lediglich ein Unterschied von etwa 4 Bogenminuten. Was zeigt, dass eine kugelförmige Annäherung gerechtfertigt ist, da der Unterschied zur elliptischen Gestalt nur minimal ist.

Damit ist also in den europäischen Breiten, also zwischen dem **50-ten** und **51-ten Breitengrad**, tatsächlich eine kubische Form der Gitterzellen auch rechnerisch gegeben.

12.9 – West-Ost Richtung Benker - elliptisch

Die Länge einer Benkerschwingung in Ost-West-Richtung am Äquator:

$$\lambda_A = \frac{R_A}{L} \cdot \lambda_{LA} = 10\pi \cdot \frac{R_A}{L}$$

Die Länge einer Benkerzelle in Ost-West-Richtung bei beliebigem Breitengrad und elliptischer Gestalt:

$$\lambda_{WO} = \lambda_A \cdot \frac{\cos\varphi}{\sqrt{1-\varepsilon^2 \cdot \sin^2\varphi}} = \frac{R_A}{L} \cdot \lambda_{LA} \cdot \frac{\cos\varphi}{\sqrt{1-\varepsilon^2 \sin^2\varphi}}$$

Damit ergibt sich die Länge einer **Benkerzelle** in West-Ost-Richtung:

12.9.1 - Gleichung:

$$\boxed{b_{WO} = \frac{\lambda_{WO}}{2} = 5\pi \cdot \frac{R_A}{L} \cdot \frac{\cos\varphi}{\sqrt{1-\varepsilon^2 \sin^2\varphi}}}$$

Einsetzen der Werte ergibt für eine **Benkerschwingung**:

12.9.2 - Gleichung:

$$\boxed{\lambda_{WO} = 10\pi \cdot \frac{R_A}{L} \cdot \frac{\cos\varphi}{\sqrt{1-\varepsilon^2 \sin^2\varphi}}}$$

Für die **Benkerfrequenz** gilt dann:

12.9.3 - Gleichung:

$$ f_{WO} = \frac{c}{\lambda_{WO}} = \frac{c}{10\pi} \cdot \frac{L}{R_A} \cdot \frac{\sqrt{1 - \varepsilon^2 \sin^2 \varphi}}{\cos \varphi} $$

Da eine Schwingung aus zwei Kuben besteht, ergibt sich für die Schwingungsanzahl in West-Ost-Richtung, also um den Äquator herum:

$$ n_{WO} = 2 \cdot n = 2 \cdot |r_i| = \frac{2}{5}|L| $$

n_{WO} = 2.542.304

Es ergeben sich so 2.542.304 Benker-Schwingungen in West-Ost-Richtung am Äquator.

Es besteht eine Abhängigkeit der Länge (in West-Ost-Richtung) einer Gitterzelle und der Frequenz vom Breitengrad.

Name	Breitengrad	Benker	
		Länge [m]	Frequenz [MHz]
Oslo	59° 55′	7,921	18,922
Kopenhagen	55° 41′	8,907	16,827
Hamburg	53° 33′	9,385	15,970
Berlin	52° 31′	9,613	15,591
kubische Form	50° 32′	10	14,989
München	48° 08′	10,540	14,220
Zürich	47° 22′	10,696	14,012
Rom	41° 53′	11,753	12,752
Äquator	0°	15,763	9,563

12.10 – Die Nord-Süd-Richtung auf der Grundhülle

Bei einem Raumgitter müssen die radiale Komponente und die Nord-Süd-Komponente gleiche Wellenlänge besitzen um eine kubische Konstruktion erzeugen zu können:

Für einen Erdumfang gilt dann für eine Schwingung:

$$\lambda_{NS} = \frac{2\pi \cdot L}{k} = \frac{U_L}{k}$$

Für eine kubische Form gilt: $\lambda_{Ns} = \lambda_n = 20\ m$

Es gilt dann:

$$\lambda_{NS} = \frac{2\pi \cdot L}{k} = \lambda_n = \frac{4L}{n}$$

Damit ergibt sich:

12.10.1 - Gleichung: $k = \frac{\pi}{2} \cdot n = \frac{\pi}{10} \cdot |L| = \frac{\pi}{2} \cdot |r_i|$

Einsetzen der Werte ergibt:

k = 1996720,892

gerundet: **k = 1.996.720**

Es bilden sich 1.996.720 Schwingungen auf einer Länge des Erdumfanges entlang der Grundhülle in Nord-Süd-Richtung.

12.11 – Die Nord-Süd-Richtung auf der Erdoberfläche

Die Erde wird als Kugel behandelt. Dann gilt für einen (Meridian) Umfang auf der Erdoberfläche für eine Schwingung:

$$\lambda_E = \frac{2\pi \cdot R_E}{k} = \frac{U_E}{k}$$

Es gilt:

$$\lambda_{LA} = \frac{2\pi \cdot L}{n} = \frac{U_L}{n}$$

Dann gilt:

$$\frac{\lambda_E}{\lambda_{LA}} = \frac{n}{k} \cdot \frac{R_E}{L} = \frac{2}{\pi} \cdot \frac{R_E}{L}$$

12.11.1 - Gleichung:
$$\boxed{\lambda_E = \frac{2}{\pi} \cdot \frac{R_E}{L} \cdot \lambda_{LA} = \frac{R_E}{L} \cdot \lambda_n}$$

Einsetzen der Werte ergibt:

$$\frac{R_E}{L} = \frac{6378137}{6355760} = 1{,}003520743$$

λ_E = 20,07 m

12.12 – Das Benker-System

Mit den ermittelten Werten lässt sich das Benker-System als **tesse-rale** Kugelflächenfunktion darstellen:

BKS = sin(λ-λ_0) · cosφ

Für die Winkel gilt:

$$\varphi = \frac{2\pi}{k} \cdot h_\varphi \quad \text{mit} \quad 0 \le h_\varphi \le k \ \text{und } h_\varphi \ \varepsilon \ Z$$

k = 1.996.720 Schwingungen in Nord-Süd-Richtung

und

$$\lambda = \frac{2\pi}{n} \cdot h_\lambda \quad \text{mit} \quad 0 \le h_\lambda \le n \ \text{und } h_\lambda \ \varepsilon \ Z$$

n = 1.271.152 Schwingungen in West-Ost-Richtung und radialer Richtung.

Sowie: λ_0 **= 13,5 West** nach Band1 – Kapitel 4.6.1

Insgesamt ergibt sich damit:

BKS = sin(λ-λ_0) · cosφ

Das ergibt:

$$BKS = \sin\left(\frac{2\pi}{n} \cdot h_\lambda - \lambda_0\right) \cdot \cos\left(\frac{2\pi}{k} \cdot h_\varphi\right)$$

Einsetzen der Werte ergibt:

12.12.1 - Gleichung:

$$BKS = \sin\left(\frac{\pi}{635576} \cdot h_\lambda - \lambda_0\right) \cdot \cos\left(\frac{\pi}{998360} \cdot h_\varphi\right)$$

13 — Hartmann-Gitter

13.1 – Addition von Schwingungen

Das Benker-Kuben-System wird durch die Addition der beiden Grundschwingungen erzeugt. Das Curry-Netz wird durch die Multiplikation der ersten Oberwellen der Grundschwingungen erzeugt.

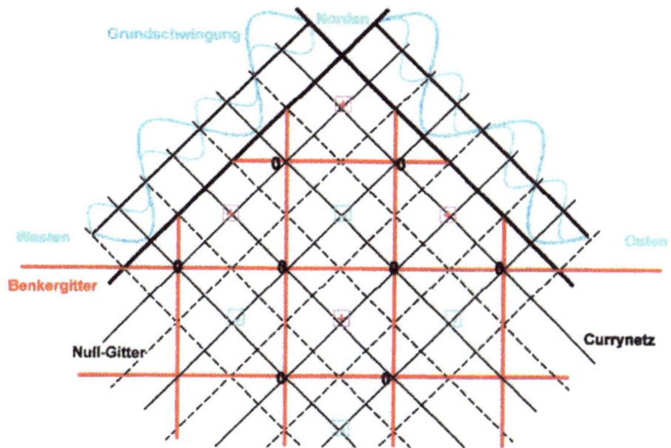

Abbildung 13.1.1 – Erzeugung des Benker-Systems

Die Addition der beiden ersten Oberwellen der Grundschwingungen erzeugt das halbe Benker-System.

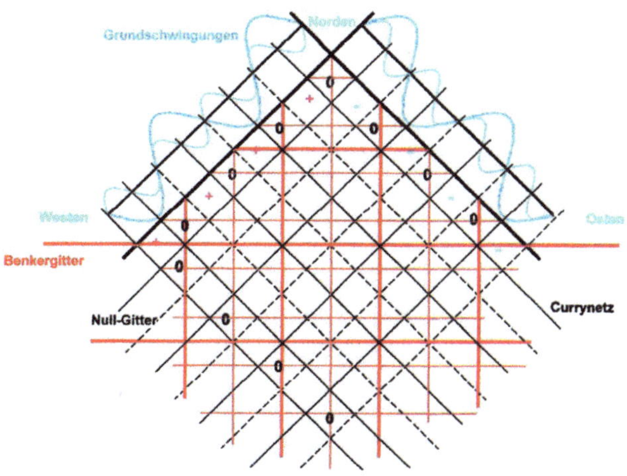

Abbildung 13.1.2 – Erzeugung des halben Benker-Systems

Die Addition der zweiten Oberwellen der Grundschwingungen erzeugt das viertel Benker-System und das ist auch gleichzeitig die Länge einer Hartmann-Zelle in West-Ost-Richtung.

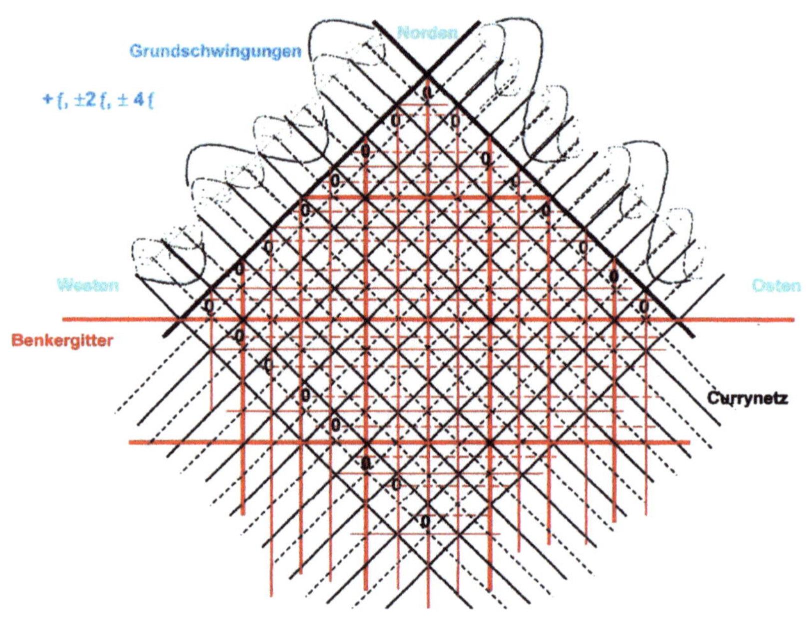

Abbildung 13.1.3 – Erzeugung des Hartmann-Gitter

13.1.1 - Definition:

West-Ost Richtung: **1 Benker = 4 Hartmann**
Nord-Süd Richtung: **1 Benker = 5 Hartmann**

13.1.2 - Satz: **Das Hartmann-Gitter ist in West-Ost-Richtung die Addition der zweiten Oberwellen bzw. des 4-fachen der Grundschwingungen.**

13.1.3 - Satz: **Das Hartmann-Gitter stellt eine Oberwellenstruktur des Benker-Kuben-System dar.**

13.2 – Phasenlage

Es ist noch die Phasenlage der Grundschwingungen zu beachten.

Gleichphasige Grundschwingungen erzeugen regelmäßige **waage-rechte** Teilungen.

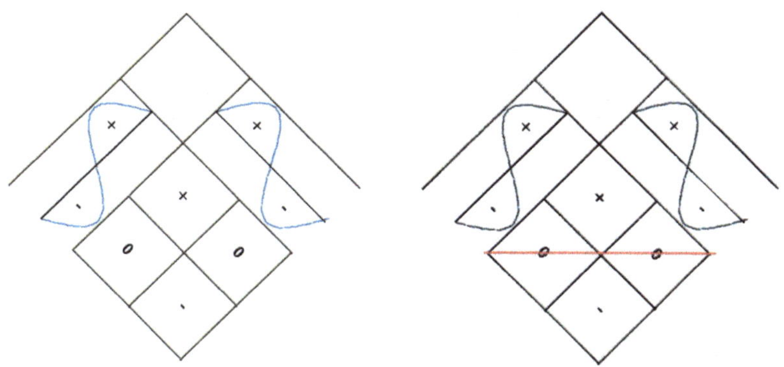

Abbildung 13.2.1 – waagerechte Teilungen

Gegenphasige Grundschwingungen erzeugen regelmäßige **senk-rechte** Teilungen.

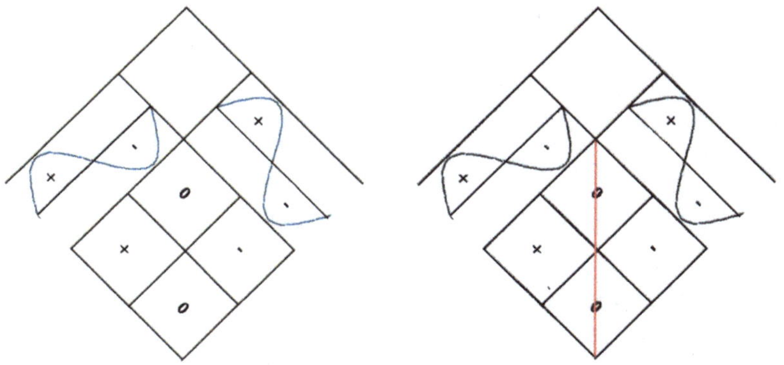

Abbildung 13.2.2 – senkrechte Teilungen

Die senkrechte Teilung des Hartmann-Gitters entsteht durch die Addition gegenphasiger Oberwellen der Grundschwingungen. Die West-Ost-Richtung des Hartmann-Gitters lässt sich dann so darstellen:

$$+f_0, \pm 2f_0, \pm 4f_0$$

13.3 – West-Ost-Richtung Hartmann - elliptisch

Nach 12.9 gilt für das Benker-Kuben-System in West-Ost-Richtung:

$$n_{WO} = 2 \cdot n = 2 \cdot |r_i| = \frac{2}{5}|L|$$

n_{WO} = 2.542.304

Dann gilt für das Hartmann-Gitter:

Anzahl der Hartmann-Zellen in West-Ost-Richtung:

n_{HWO} = 4·n_{wo} = 10.169.216

Länge einer **Benkerzelle** in West-Ost-Richtung:

$$b_{WO} = \frac{\lambda_{WO}}{2} = 5\pi \cdot \frac{R_A}{L} \cdot \frac{\cos\varphi}{\sqrt{1 - \varepsilon^2 \sin^2\varphi}}$$

Länge einer **Hartmannzelle** in West-Ost-Richtung:

13.3.1 - Gleichung:

$$h_{WO} = \frac{b_{WO}}{4} = \frac{5}{4}\pi \cdot \frac{R_A}{L} \cdot \frac{\cos\varphi}{\sqrt{1 - \varepsilon^2 \sin^2\varphi}}$$

Für die **Wellenlänge** des Hartmann-Gitters in West-Ost-Richtung gilt:

13.3.2 - Gleichung:

$$\lambda_{HWO} = 2 \cdot h_{WO} = \frac{5}{2}\pi \cdot \frac{R_A}{L} \cdot \frac{\cos\varphi}{\sqrt{1 - \varepsilon^2 \sin^2\varphi}}$$

46

Für die **Frequenz** des Hartmann-Gitters in West-Ost-Richtung gilt:

13.3.3 - Gleichung:

$$f_{HWO} = \frac{c}{\lambda_{HWO}} = \frac{2c}{5\pi} \cdot \frac{L}{R_A} \cdot \frac{\sqrt{1 - \varepsilon^2 \sin^2 \varphi}}{\cos \varphi}$$

Es existiert eine Abhängigkeit der Länge (in West-Ost-Richtung) einer Gitterzelle (Hartmann-Gitter) und der Frequenz vom Breitengrad.

Name	Breitengrad	Benker Länge [m]	Benker Frequenz [MHz]	Hartmann Länge [m]	Hartmann Frequenz [MHz]
Oslo	59° 55′	7,921	18,922	1,980	75,688
Kopenhagen	55° 41′	8,907	16,827	2,226	67,309
Hamburg	53° 33′	9,385	15,970	2,346	63,881
Berlin	52° 31′	9,613	15,591	2,403	62,366
kubische Form	50° 32′	10	14,989	2,5	59,956
München	48° 08′	10,540	14,220	2,635	56,880
Zürich	47° 22′	10,696	14,012	2,674	56,051
Rom	41° 53′	11,753	12,752	2,938	51,010
Äquator	0°	15,763	9,563	3,941	38,035

13.4 – Radiale Richtung Hartmann

Wenn ein Raumgitter vorliegt, baut sich um den Äquator und den Breitenkreisen herum eine Schwingung auf, die die **gleiche** Schwingungsanzahl besitzt wie in **radialer** Richtung.
Und damit gilt für die radiale Komponente des Hartmann-Gitters:

$$h_R = h_{WO}$$

Für das Hartmann-Gitter in West-Ost-Richtung gilt:

In West-Ost-Richtung: 1 Benker = 4 Hartmann

$$h_{WO} = \frac{b_{WO}}{4}$$

Für das Benker-System gilt:

$b_R = b_{NS} = b_{WO} = 10\ m\ \rightarrow\qquad h_{WO} = 2{,}5\ m$

Die Konsequenz daraus ist:

1) **Das Hartmann-Gitter ist ein räumlich quadisches Gitter.**

2) **Die Höhe einer Schicht des Hartmann-Gitters entspricht einem Viertel eines Benker-Kubus.**

3) **Das Hartmann-Gitter ist in West-Ost-Richtung und in radialer Richtung die zweite Oberwelle des Benker-Kuben-Systems.**

Nach 12.3 bilden sich **n = 1.271.152** Schwingungen auf einer Länge von $\lambda_0 = 4L$.
Es bilden sich jetzt 4 mal soviel Schwingungen aus, also
$4 \cdot 1271152 =$ **5.084.608** Schwingungen auf einer Länge von $\lambda_0 = 4L$.

13.5 – Nord-Süd-Richtung Hartmann

Nach 12.10 bilden sich 1.996.720 Benker-Schwingungen auf einer Länge des Erdumfanges, entlang der Grundhülle in Nord-Süd-Richtung. Für eine Hartmann-Zelle in Nord-Süd-Richtung gilt:

$$h_{NS} = \frac{b_{NS}}{5}$$

Für das Benker-System gilt:

$b_R = b_{NS} = b_{WO} = 10\ m\ \rightarrow\qquad h_{NS} = 2\ m$

Für eine Hartmann-Schwingung in Nord-Süd-Richtung gilt:

$$\lambda_{NS} = \frac{2 \cdot b_{NS}}{5}$$

Es gilt dann:

$$\lambda_{NS} = 4\ m$$

13.6 – Das Hartmann-Gitter

Mit den ermittelten Werten lässt sich das Hartmann-Gitter als **tesserale** Kugelflächenfunktion darstellen:

HG = sin(λ-λ₀) · cosφ

Für die Winkel gilt:

$$\varphi = \frac{2\pi}{k} \cdot h_\varphi \qquad \text{mit} \qquad 0 \leq h_\varphi \leq k \text{ und } h_\varphi \, \varepsilon \, Z$$

k = 5 · 1.996.720 Schwingungen in Nord-Süd-Richtung

und

$$\lambda = \frac{2\pi}{n} \cdot h_\lambda \qquad \text{mit} \qquad 0 \leq h_\lambda \leq n \text{ und } h_\lambda \, \varepsilon \, Z$$

n = 4 · 1.271.152 Schwingungen in West-Ost-Richtung und radialer Richtung

Sowie: λ₀ = **13,5 West** nach Band1 – Kapitel 4.6.1

Insgesamt ergibt sich damit:

$$\textbf{HG = sin(λ-λ}_0\textbf{) · cosφ}$$

Das ergibt:

$$HG = \sin\left(\frac{2\pi}{n} \cdot h_\lambda - \lambda_0\right) \cdot \cos\left(\frac{2\pi}{k} \cdot h_\varphi\right)$$

Einsetzen der Werte ergibt:

13.6.1 - Gleichung:

$$\boxed{HG = \sin\left(\frac{\pi}{4 \cdot 635576} \cdot h_\lambda - \lambda_0\right) \cdot \cos\left(\frac{\pi}{5 \cdot 998360} \cdot h_\varphi\right)}$$

14 – Curry-Netz und Wittmannsche Polpunkte

14.1 – Grundschwingungen am Äquator

Bei den folgenden Betrachtungen ist die Krümmung der Erdkugel erst mal außer Acht gelassen und eine flächenhafte Darstellung der Situation gewählt worden.

Für die Grundschwingungen am Äquator gilt:

$$\lambda_G = \frac{U_E}{m}$$

Dabei ist U_E der Erdumfang und **m** eine natürliche Zahl.

Ausgehend vom Benker-System gilt für die Grundschwingungen am Äquator in einer ebenen Darstellung:

1 Grundschwingung = 1 Benkerdiagonale = √2 · Benkerseite

$$\lambda_G = \frac{U_E}{m} = \sqrt{2} \cdot b_A$$

Es gilt:

$$b_A = \frac{\lambda_A}{2}$$

Mit b_A gleich einer Benkerseite und λ_A gleich der Wellenlänge einer Benker-Schwingung am Äquator.

Daraus folgt:

$$b_A = \frac{\lambda_G}{\sqrt{2}} = \frac{\lambda_A}{2} \qquad \Rightarrow \qquad \boxed{\lambda_A = \sqrt{2} \cdot \lambda_G}$$

Insgesamt ergibt sich:

$$b_A = \frac{\lambda_G}{\sqrt{2}} = \frac{U_E}{m \cdot \sqrt{2}} = \frac{\lambda_A}{2} = \frac{U_E}{2 \cdot n}$$

$$\Rightarrow \qquad m = n \cdot \sqrt{2} = \sqrt{2} \cdot |r_i| = \frac{\sqrt{2}}{5} \cdot |R_A|$$

Daraus folgt:

$$\Rightarrow \qquad m = 1.804.009{,}57$$

$$\Rightarrow \qquad m_1 = 1.804.009$$
$$\Rightarrow \qquad m_2 = 1.804.010$$

Es existieren **m_1 = 1.804.009** und **m_2 = 1.804.010** Grundschwingungen um die Erde herum, die das Curry-System und das Benker-Kuben-System erzeugen.

14.2 – Grundschwingungen und geographische Breite

Allgemein gilt für die Wellenlänge der Grundschwingung dann für einen Ort mit beliebiger geographischer Breite in einer ebenen Darstellung:

$$\lambda_{GB} = \frac{\lambda_{WO}}{\sqrt{2}}$$

Nach 12.6 gilt für die Länge einer Benker-Schwingung in West-Ost-Richtung unter Berücksichtigung der geographischen Breite:

$$\lambda_{WO} = \frac{U_A}{n} \cdot \cos\varphi = \lambda_A \cdot \cos\varphi$$

Einsetzen in Gleichung für die Wellenlänge der Grundschwingungen:

$$\lambda_{GB} = \frac{\lambda_A}{\sqrt{2}} \cdot \cos\varphi = 5\pi \cdot \sqrt{2} \cdot \cos\varphi$$

Die **Wellenlängen der Grundschwingung**:

Gleichung 14.2.1: $\boxed{\lambda_{GB} = 5\pi \cdot \sqrt{2} \cdot \cos\varphi}$

14.3 – Curry-Netz

Ausgehend vom Benker-System gilt für das Curry-Netz am Äquator in einer ebenen Darstellung:

1 Grundschwingung = 4 Curryfelder

$$C = \frac{\lambda_{GB}}{4}$$

Für eine Zelle des Curry-Netzes gilt dann:

$$C = \frac{\lambda_{GB}}{4} = \frac{5\pi}{2\sqrt{2}} \cdot \cos\varphi$$

Die Zellengröße des **Curry-Netzes**:

Gleichung 14.3.1:
$$C = \frac{5\pi}{2\sqrt{2}} \cdot \cos\varphi$$

Für den 50-ten Breitengrad ergibt sich:

C = 5π·cos50/(2·√2) = **3,569 m**

Vergleich: Der herkömmliche Wert wird mit 3,6 m für diese Breitengrade angegebenen.
Das entspricht einem Fehler der kleiner als 1 % ist, bzgl. des gerechneten Wertes.

Aber wie schon eingangs erwähnt ist die Krümmung der Erdkugel außer Acht gelassen und eine ebene Darstellung der Situation gewählt worden, was gewisse Verzerrungen verursacht.
Eine Einbeziehung der elliptischen Erdgestalt führt zu einer komplexen Geometrie, die auch mit sphärisch trigonometrischen Techniken nicht einfach zu bewältigen ist. Daher erfolgt hier keine weitere Ausführung zu dem Thema.

14.4 – Wittmannsche Polpunkte

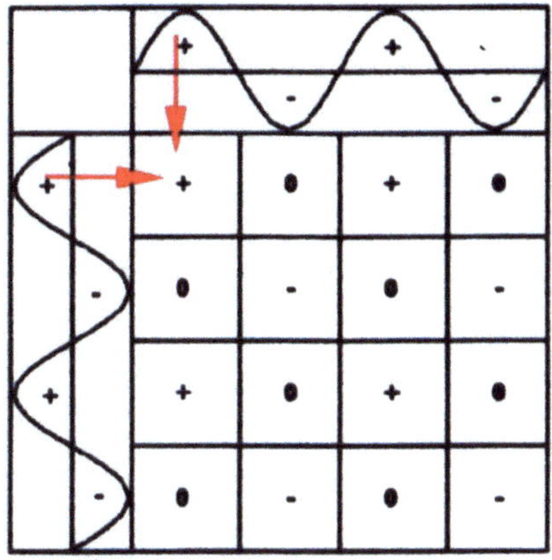

Abbildung 14.4.1 – Polbildung

Die **Wittmannschen Polpunkte** entstehen bei der Addition der Grundschwingungen. Siehe dazu Kapitel 11.4.

Auf dem Wittmann-Netz existieren polare Felder, die einen Abstand von etwa 20 Meter besitzen. Es existieren Hauptpole und Nebenpole. Die Hauptpole liegen in der Mitte einer Benkerzelle. Die Hauptpole besitzen einen Durchmesser von etwa 2,45 m, die Nebenpole etwa 0,6 m.

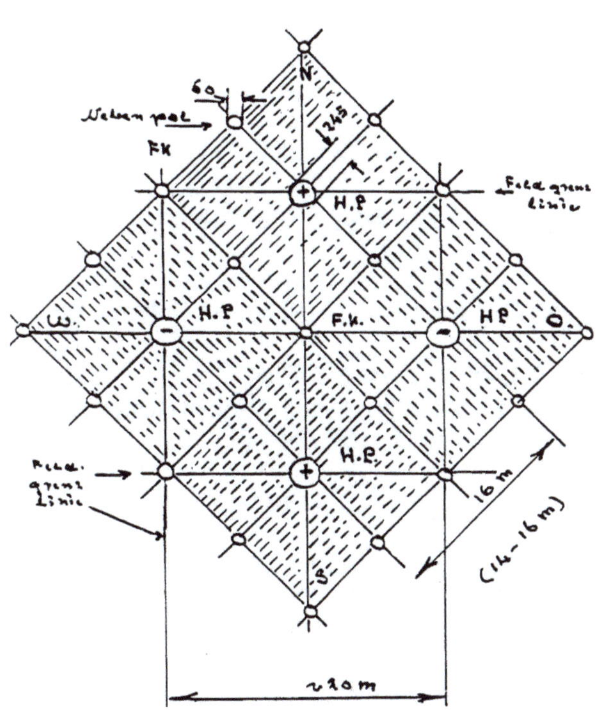

Abbildung 14.4.2 – Wittmannsche Polpunkte

15 – Nachweis von Gittern

15.1 – Frequenzen der Gitter

Ausgangspunkt ist das Benker-Kuben-System, dass nach dem Grundfeldmodell aus Band 1 [1] die Struktur einer tesseralen Kugelflächenfunktion besitzt.

Für physikalische Schwingungen gilt: $f \cdot \lambda = c$

Frequenz **f** mal Wellenlänge λ gleich Lichtgeschwindigkeit **c**

15.1.1 – Nord-Süd-Richtung – überall auf der Erde

Dem Modell nach ist in Nord-Süd-Richtung eine Wellenlänge des Benker-Systems von λ_{NS} = **20 Meter** (1 Schwingung = 2 Kuben) vorhanden.

$$\lambda_{NS} = 2 \cdot b$$

Das entspricht einer Frequenz von: $f_{NS} = c/\lambda_{NS}$ = **14,989 MHz**

Das Hartmann-Gitter hat die fünffache Frequenz in Nord-Süd-Richtung also:

$$f_{HNS} = 5 \cdot f_{NS} = 74{,}948 \text{ MHz}$$

15.1.2 – West-Ost-Richtung – etwa 51. Breitengrad

Dem Modell nach ist in West-Ost-Richtung etwa auf dem 51. Breitengrad auch eine Wellenlänge des Benker-Systems von λ_{WO} = **20 Meter** vorhanden. Das entspricht ebenfalls einer Frequenz von:

$$f_{WO} = c/\lambda_{WO} = 14{,}989 \text{ MHz}$$

Das Hartmann-Gitter hat die vierfache Frequenz in West-Ost-Richtung also:

$$f_{HWO} = 4 \cdot f_{WO} = 59{,}958 \text{ MHz}$$

Das Hartmann-Gitter in West-Ost-Richtung ist die zweite Oberwelle des Benker-Systems.

15.1.3 – West-Ost-Richtung – am Äquator

Zu berücksichtigen ist, dass die benutzten Längen auf den nordeuropäischen bzw. deutschen Raum bezogen sind. Im Mittel wurde hier der 51te Breitengrad angenommen.
Zur Umrechnung auf Äquatorebene muss die gegebene Strecke durch den Kosinus der geographischen Breite geteilt werden. So ergibt sich für die Wellenlänge am Äquator eine Größe von λ_{AWO} = 31,78 Meter. (1 Schwingung = 2 Kuben)

Mit λ_{AWO} = 31,78 m am Äquator erhält man als zugehörige Frequenz:

$$f_{AOW} = c/\lambda_{WO} = 9{,}433 \text{ MHz}.$$

Das Hartmann-Gitter hat die vierfache Frequenz in West-Ost-Richtung, also

$$f_{AHWO} = 4 \cdot f_{AOW} = 37{,}733 \text{ MHz}.$$

15.1.4 – Currynetz – etwa 51. Breitengrad

1 Grundschwingung = 1 Benkerdiagonale = 4 Curryfelder

1 Benkerdiagonale = 1 Benkerseite $\cdot \sqrt{2}$ = λ_G

Mit λ_G = 10 m $\cdot \sqrt{2}$ = 14,14 m erhält man erhält man die Wellenlänge einer Grundschwingung.

2 Curryzellen ergeben eine Curryschwingung
2 Curryschwingungen ergeben die Wellenlänge einer Grundschwingung

Daraus folgt:

Die Frequenz der Curryschwingungen ist doppelt so groß wie die Grundschwingung: $f_C = 2 \cdot f_G$

$$f_G = 14{,}989 \cdot \sqrt{2} = 21{,}198 \text{ MHz}$$

$$f_C = 2 \cdot f_G = 42{,}397 \text{ MHz}$$

Das Curry-Netz ist die erste Oberwelle der Grundschwingung.

15.2 – Die Meßmethode

Das bestehende Schwingungsgefüge wird durch einen Sender mit einer freien elektromagnetischen Schwingung überlagert, die in Resonanz zum untersuchenden Gefüge steht.
Ein auf dieselbe Frequenz abgeglichener Empfänger gibt über die Lautstärke des empfangenen Tones ein Maß für die empfangene Sendeleistung bzw. über die Dämpfung des Signals ab.
Da der Empfänger in Resonanz zum untersuchenden Gefüge steht wird die bereits vorhandene Dämpfung in den Gitterwänden (Minimalzonen) daher einfach auf den Empfänger mit übertragen.

Der Sender kann relativ einfach aufgebaut werden. Man nimmt einen herkömmlichen DDS-Signalgenerator bis 100 MHz und einer Auflösung von 1 Hz.
Dann benötigt man noch einen Tonfrequenzgenerator (regelbar von 200 Hz bis 1 kHz) sowie ein Mischer-Modul, dass als Addierer arbeitet, [17] so dass sich eine Amplitudenmodulation ergibt.

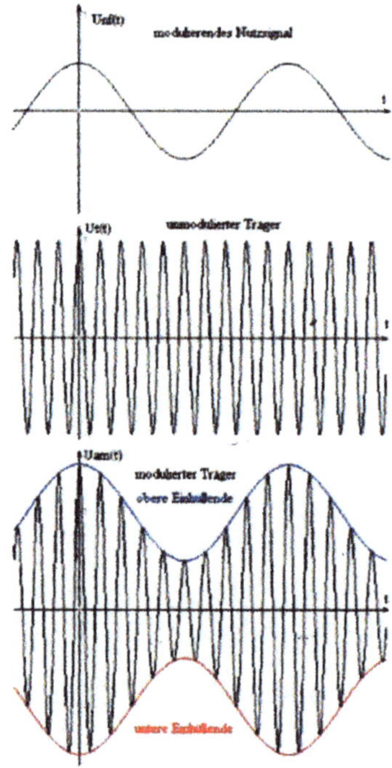

Abbildung 15.2.1 – Amplitudenmodulation

56

Auf dem Gehäuse kann man noch eine ausziehbare 2-3 Meter Stabantenne installieren. Die Längen der Antennen lassen sich berechnen.

Wird die Antenne als lambda/4-Antenne ausgelegt ergeben sich folgende Antennenlängen:

Hartmann Nord/Süd: 1 Meter
Hartmann West/Ost: 1,25 Meter
Curry :   1,76 Meter
Benker: 2,5 Meter

15.3 – Der Sender

Der Sender kann relativ einfach aufgebaut werden. Man nimmt einen herkömmlichen DDS-Signalgenerator bis 100 MHz und einer Auflösung von 1 Hz.

In das Gehäuse lässt sich dann der Tonfrequenzgenerator (regelbar bis 1 kHz) und das FM-Mischer Modul einbauen. Auf dem Gehäuse kann man noch eine ausziehbare 2-3 Meter Stabantenne installieren.

Der Sender besteht aus folgenden Funktionsgruppen:

1)   **Sinusgenerator für 0,2 – 1 KHz mit XR 2206**
2)   **DDS-Sinusgenerator 14,989 MHz**
3)   **Addierer mit Operationsverstärker LT 1206**
4)   **Ankopplung an die Antenne**
5)   **Teleskopantenne**
6)   **Spannungsversorgung**

Funktionsgruppe 1
besteht aus einem Sinusgenerator auf der Basis eines XR 2206. Er erzeugt eine Frequenz von etwa 200 Hz bis etwa 1000 Hz regelbar, die als Tonfrequenz beim Empfänger benutzt wird.

Funktionsgruppe 2
besteht aus einem DDS-Sinusgenerator (direkte digitale Synthese) mit dem, über Tasten, die benötigte Frequenz von z.B. 14,989 MHz für das Benker-System eingestellt werden kann. die als Trägerfrequenz für den Empfänger benutzt wird.

Funktionsgruppe 3

besteht aus einer Addiererschaltung mit einem Operationsverstärker.
Hier wird ein LT 1206 benutzt, der bis 140 MHz verarbeiten kann.
Nach dem Addierer steht ein amplitudenmoduliertes Signal zur Verfügung.

Funktionsgruppe 4

Besteht in der Ankopplung über einen Schwingkreis an die Teleskop-Antenne.

Funktionsgruppe 5

Besteht aus einer Teleskop-Antenne mit der Länge von 2-3 Meter,
über die das amplitudenmodulierte Signal abgestrahlt werden soll.

Funktionsgruppe 6

Besteht aus der Spannungsversorgung durch eine 12 V Batterie,
damit der Sender auch unabhängig im Freien betrieben werden
kann.

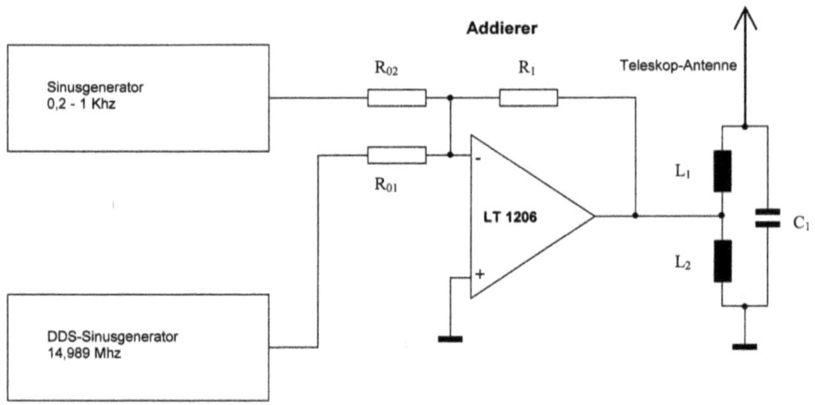

Abbildung 15.3.1 – Der Sender

15.4 – Der Empfänger

Für den Empfänger ließe sich ein Gehäuse mit eingebauter Antenne
(z.B. für CB-Funk) verwenden. Für z.B. vier Frequenzen 2xHart-
mann, 1xCurry, 1xBenker) wären auch vier Demodulatoren erforderlich, die man umschaltbar gestalten müsste.
Das ausgekoppelte Tonsignal wird dann über einen Lautsprecher
hörbar gemacht. Die Lautstärke ist dann direkt **proportional** zur

Feldstärke bzw. umgekehrt proportional zur Dämpfung des Feldes. Die Gitterzonen liegen da wo die Lautstärke am geringsten ist.

Es kann auch ein Fensterdiskreminator benutzt werden, der eine LED einschaltet wenn die Spannung gegen Null geht, wenn also eine Gitterlinie detektiert wird

Bei Benutzung eines Mikroprozessors zur Auswertung und Verrechnung wäre auch eine direkte Anzeige (z.B. LCD) der Impedanz bzw. der Dämpfung in Prozent möglich.

Der Empfänger besteht aus folgenden Funktionsgruppen:

1) **Teleskopantenne**
2) **Ankopplung an die Antenne**
3) **Empfänger**
4) **Tiefpassfilter**
5) **Verstärkerstufe, Fensterdiskreminator**
6) **Spannungsversorgung**

Funktionsgruppe 1
Besteht aus einer Teleskop-Antenne mit der Länge von 1,2 Meter, über die das amplitudenmodulierte Signal empfangen werden soll.

Funktionsgruppe 2
Besteht in der Ankopplung an die Teleskop-Antenne.

Funktionsgruppe 3
Besteht aus dem Empfänger

Funktionsgruppe 4
Besteht aus einem Tiefpassfilter, der die Trägerfrequenz rausfiltert und nur die Tonfrequenz übrig lässt.

Funktionsgruppe 5
Besteht aus einer Verstärkerstufe für den Betrieb des Lautsprechers. Alternativ kann auch ein Fensterdiskreminator benutzt werden, der eine LED einschaltet wenn eine Gitterlinie detektiert wird.

Funktionsgruppe 6
Besteht aus der Spannungsversorgung durch eine 12 V Batterie, damit der Sender auch unabhängig im Freien betrieben werden kann.

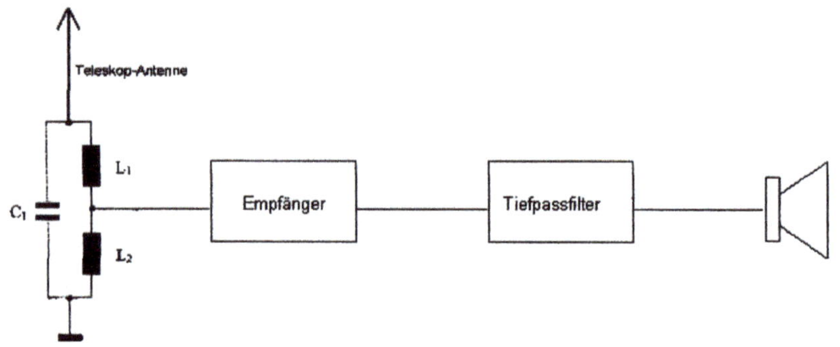

Abbildung 15.4.1 – Der Empfänger

Das alles lässt sich auch analog noch relativ einfach und kosten-
günstig aufbauen und wäre auch für kleinere Studienprojekte und
zum Selbstbau geeignet.
Es ergeben sich so zwei Geräte. Sender und Empfänger, die beide
tragbar sein sollten, wie im Bild 15.4.2 dargestellt.

Abbildung 15.4.2 – Sender und Empfänger

Der Nachweis der Existenz aller Gitter (Benker, Hartmann, Curry) als
elektromagnetische Phänomene, die mit bestimmten Frequenzen
verbunden sind, wäre dann eine Bestätigung für ein (elektromagnetisches) Schwingungsmodell.

60

15.5 – Die Anwendung

Das bestehende magnetische Schwingungsgefüge wird mit einer freien elektromagnetischen Schwingung **überlagert**, die in **Resonanz** zum untersuchenden Gefüge steht. **Die** freie Schwingung ist mit einer elektromagnetischen Tonfrequenz amplitudenmoduliert.
Ein auf dieselbe Frequenz abgeglichener **Empfänger** gibt über die Lautstärke des empfangenen Tones ein Maß für die empfangene Sendeleistung bzw. über die Dämpfung des Signals ab.
Da der Empfänger in Resonanz zum untersuchenden Gefüge steht wird die bereits vorhandene Dämpfung in den Gitterwänden (Minimalzonen) daher einfach auf den Empfänger mit übertragen.

Allerdings lässt sich mit der beschriebenen Methode nur eine Frequenz eines Gitters detektieren, Um mehrere Gitter nach dem genannten Verfahren zu detektieren bedarf es weiterer Sende- und Empfangsfrequenzen.

etwa 51. Breitengrad:

Benker-System   f = 14,989 MHz
Hartmann-Gitter f = 74,948 MHz in Nord-Süd-Richtung (5·Benker)
Hartmann-Gitter f = 59,958 MHz in West-Ost-Richtung (4·Benker)
Currynetz   f = 42,397 MHz ($\sqrt{2}$·Benker)

Benötigt wird also ein Verfahren das magnetische Frequenzen benutzt, um das Currynetz, das Hartmann-Gitter und das Benker-System detektieren zu können.

Feldversuch:

    1)   Der Sender wird an einem beliebigen Ort ins Gelände gestellt und aktiviert.

    2)   Man nimmt den Sender und geht in Richtung Norden (Osten) bis der Ton am leisesten ist bzw. ganz verschwindet.
Dort ist dann eine Nullzone vorhanden. Siehe Abbildung 15.5.1.

Voraussage:

Dann existiert in der Mitte einer Gitterzelle ein Punkt (Bereich) an dem die Lautstärke maximal ist.

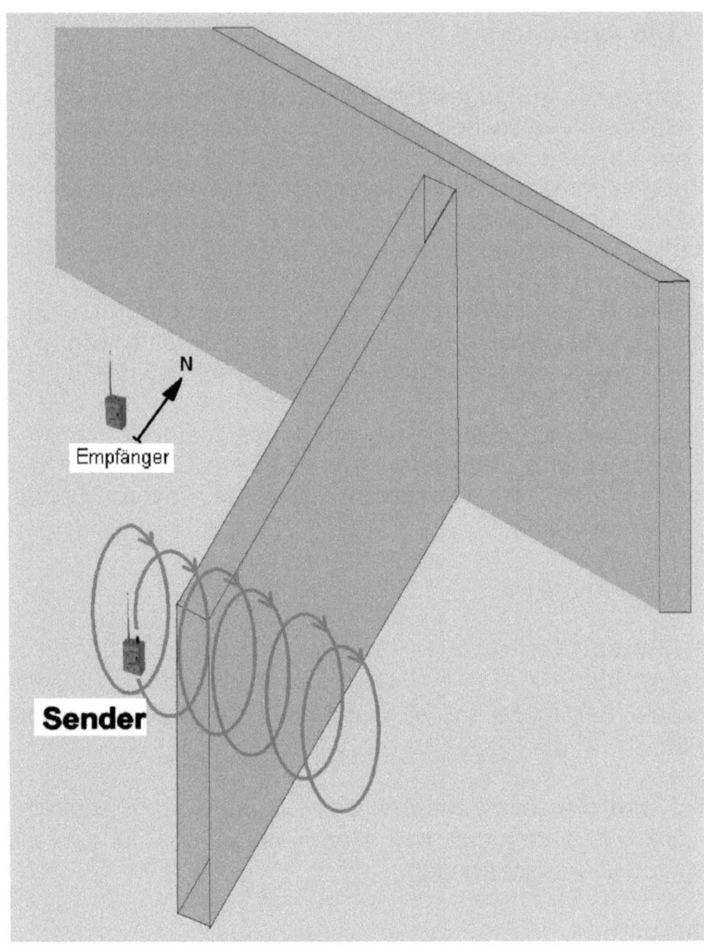

Abbildung 15.5.1 – Feldversuch

Insgesamt kann man die gesamte Struktur des Phänomens mit den vorhandenen klassischen Mitteln erklären. Man muss nur berücksichtigen das ein Schwingungsgefüge sich zwar teilweise wie eine elektromagnetische Welle verhält, es aber auch Unterschiede zu einer freien elektromagnetischen Welle gibt, da ein Schwingungsgefüge selber schon eine **Interferenz** darstellt.
Das Schwingungsgefüge ist eine etwas mehr als erdgroße Kugel mit einer radialen zellenartigen Struktur, die sich insgesamt wie ein **gedämpfter harmonischer Oszillator** verhält.
Daher ist ein Schwingungsgefüge nur bedingt mit einer freien elektromagnetischen Welle vergleichbar.

Ein Unterschied zu einer normalen stehenden Welle besteht darin, das bei einem Schwingungsgefüge die Maxima und Minima nicht zusammenfallen. Eine stehende Welle besteht ja aus einer Reihe von Schwingungsextrema und Nullpunkten.

Bei einem Schwingungsgefüge wechseln sich Maxima und Minima ab. Eine Schwingung = zwei Zellen. In der Mitte einer jeden Zelle befindet sich ein Schwingungs-Maxima oder -Minima. Eine gesamte Zelle besitzt daher eine positive oder eine negative „Ladung".

Die Zellenwände sind Nullwände (Interferenzen entstanden aus Nullfronten der zugrunde liegenden Elementarschwingungen). Sie stellen als neutrale Zonen die Übergänge von einer Zellenladung zur nächsten dar.

Jedem Punkt im Raum eines Schwingungsgefüges ist daher ein bestimmter Schwingungswert (Amplitude) zuordbar. Daher lässt sich ein Schwingungsgefüge auch als ein skalares Feld betrachten.

Auch daher ist ein Schwingungsgefüge nur bedingt mit einer freien elektromagnetischen Welle vergleichbar.

Insgesamt stellt der hier beschriebene Versuchsverlauf ein Äquivalent zum Hertzschen Versuch [18] zum Nachweis elektromagnetischer Wellen dar, nur auf Basis von stehenden magnetischen Wellen.

15.6 – Das Jurgec Paper

In Italien wird bereits ein Geräte-Set von der Firma Bioriposo [19] vertrieben, dass nach den hier beschriebenen Prinzipien funktioniert.

Das Set wird als „Hartmann Net Detector" bezeichnet. Dazu existiert im Internet ein PDF-Dokument, dass hier als **Jurgec Paper** bezeichnet wird, [20] in dem versucht wird die Funktionsweise des Detektors zu erklären.

Aus der Existenz und der Funktionsweise des im Jurgec Paper vorgestellten „Hartmann Net Detector" lässt sich der Schluss ziehen, dass es sich beim Hartmann-Gitter um ein elektromagnetisches Phänomen handelt, wie es auch hier beschrieben und abgeleitet worden ist.

Interessant dazu sind folgende Punkte:

    1) Die Gitter werden im Jurgec Paper als dreidimensional beschrieben, können in ihrer Struktur aber nur beschrieben nicht erklärt werden. Das Schwingungsmodell aus Planetare

Systeme der Erde 1 liefert die Erklärung für den Aufbau der Gitter.

Als Lösungsfunktionen der Laplace-Gleichung treten Gitter als Lösungen des Winkelanteils und konzentrische Schichtungen als Lösungen des Radialanteils auf. Beide Lösungen zusammen ergeben ein Schwingungsgefüge wie das Benker-System und das Hartmann-Gitter, sowie dem Curry-Netz.

2) Auch der benutzte Frequenzbereich (72,6-81,2 MHz) des Gerätes liegt im Bereich der errechneten Frequenz fürs Hartmann-System: 74,94 MHz in Nord-Süd-Richtung. Die Hartmann-Frequenz kann dabei quantitativ aus dem vorliegenden Schwingungsmodell abgeleitet werden.

3) Die im Jurgec Paper beschriebene Schwächung des Signals auf den Störzonen deckt sich mit der Aussage, dass Gitterlinien Minimalzonen bzw. Nullzonen des (elektro) magnetischen Feldes darstellen, was ein weiteres Indiz für ein Schwingungsmodell darstellt.

Weiter unten im Jurgec Paper wird noch vom einem „Curry Grid Detector" gesprochen, der aber sonst im Text nicht näher beschrieben wird. Außer der Erwähnung, dass der Curry Detektor wie der Hartmann Detektor arbeitet.

Die Schlussfolgerung ist, dass ein Curry Detektor nur mit einer anderen Frequenz arbeitet. Und das Curry Netz daher auch ein elektromagnetisches Phänomen, mit den gleichen Eigenschaften wie das Hartmann-Gitter, darstellt.

Bemerkenswert ist die Übereinstimmung der Beschreibungen des Jurgec Paper und die Aussagen des magnetischen Schwingungsmodells.

Das Jurgec Paper beschreibt zwar die Gitter-Phänomene, kann sie aber nicht erklären. Das Grundfeldmodell liefert hier die nötige Erklärung.

Auch quantitativ liefert das Gittermodell eine Frequenz die im benutzten Frequenzbereich des Jurgec Papers liegt.

Die Existenz eines „Hartmann Net Detector" mit der entsprechenden Frequenz stellt einen ersten praktischen Beweis dar, dass das Grundfeldmodell und das magnetische Gittermodell einen tragbaren Ansatz darstellen.

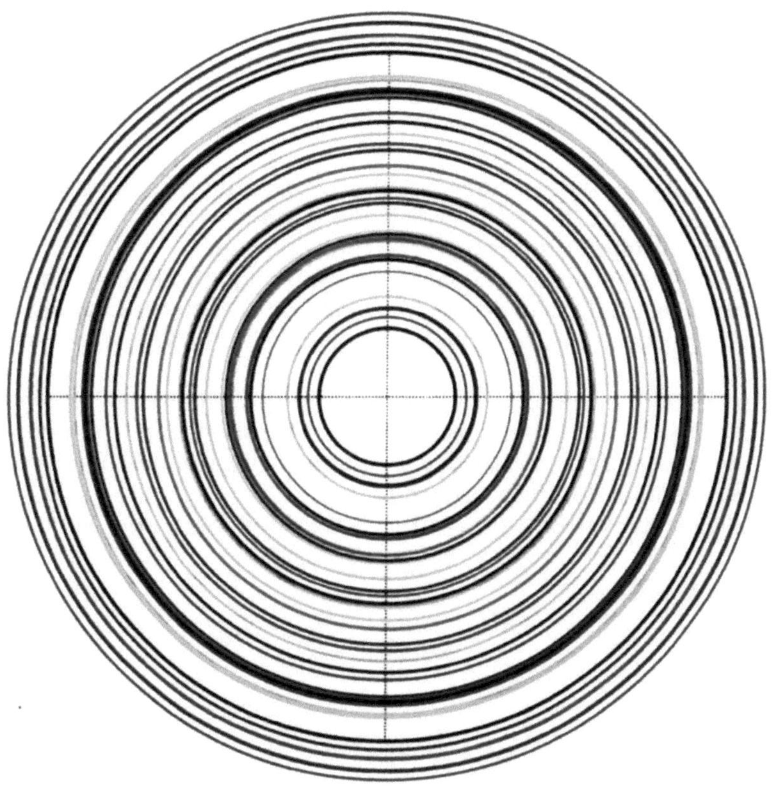

16 – Radiale Schwingungsgefüge

16.1 – Reizstreifen

Für die Grundhülle, dass ist die Sphäre auf der alle Erdschwingungen aufbauen, ergibt sich nach Band 1 – Definition 3.2.1:

R = 6355758,426 m = L_0 = Grundhülle

Der Vergleich mit dem Geodätischen Referenzsystem **WGS84** zeigt:

Polradius: **6356752 m**
Äquatorradius: **6378137 m**

Die Grundhülle, auf der die Null-Linien und **Extrema** (Quellpunkte) liegen, befindet sich auf einem Radius, der zwischen **einem und zwanzig Kilometer unter** der Erdoberfläche liegt.
Durch den stationären Zustand der Schwingungsstruktur bedingt, entstehen außer Maximal- und Minimalfronten auch **Nullfronten**, die sich kugelförmig um die Quellpunkte, in regelmäßigen Abständen ausbilden.
Da der Grundhüllenradius kleiner als die Erdoberfläche ist, entstehen an der Oberfläche keine Linien, sondern **Streifen**. Die folgende Abbildung 16.1.1 veranschaulicht die daraus abzuleitende Entstehung von Streifen auf der Erdoberfläche.
Die Streifen bilden Gebiete **verminderter Intensität**, also keine Nullzonen.

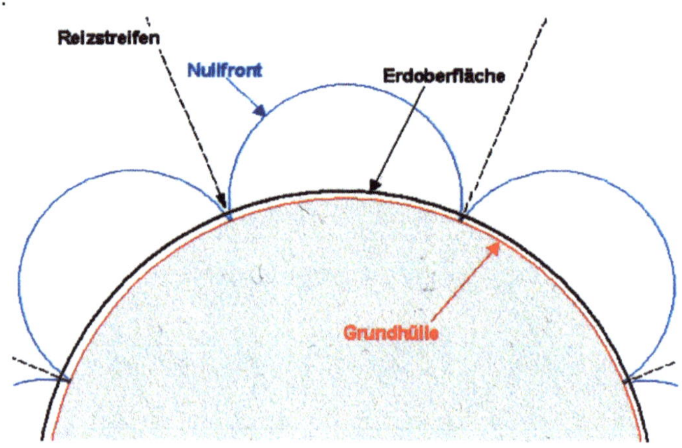

Abbildung 16.1.1 – radiale Schwingungen und Reizstreifen

Die **Reizstreifen bilden Gebiete minimalster Intensität** bzw. Null-Intensität. Es fehlen die zur Regeneration des Körpers notwendigen Frequenzen. Je mehr (Gitter) Linien zusammenfallen umso mehr Frequenzen fehlen.

Als Konsequenz ergibt sich, dass ein Teil der Streifen, global gesehen, in ihrer Breite nicht konstant sind. Die Streifen, die die „Meridiane" des Schwingungssystems bilden, haben am „Äquator" ihre größte Breite und werden zu den „Polen" hin schmaler.

Lediglich die Streifen, die die „Breitenkreise" des Schwingungssystems bilden, verfügen über eine konstante Breite.

16.2 – Dauerhafte Verlagerung von Reizstreifen

Jedes größere Objekt hat kapazitive (Kunststoffe, Erden) und/oder induktive (Metalle) Eigenschaften.

Unterirdische Objekte wie Bunker oder technische Anlagen können lokal zu einer dauerhaften Verlagerung der Reizstreifen führen

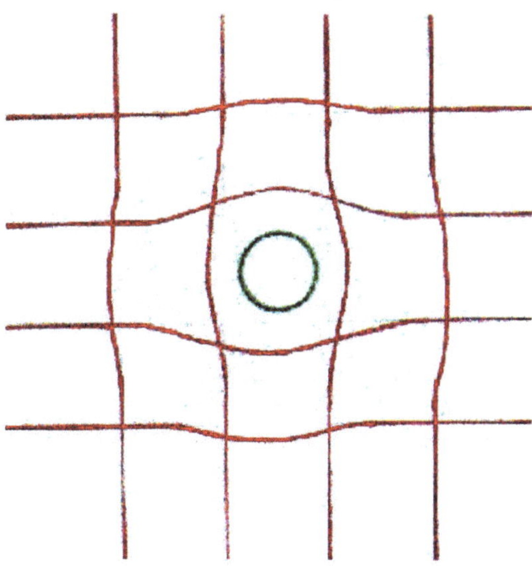

Abbildung 16.2.1 – Verlagerung von Reizstreifen

Unterirdische Objekte wie Bauwerke, einige Bodenschätze, Verwerfungen, Magmablasen und andere Einlagerungen können lokal wie regional zu einer dauerhaften Verlagerung der Reizstreifen führen

16.3 – Gedämpfter harmonischer Oszillator

Als physikalische Ursache des Erdmagnetfeldes werden Strömungen, des flüssigen Magmas, im Erdkern angesehen. Der äußere Erdkern liegt in einer Tiefe zwischen rund **2900** km und **5100** km bzw. einem Mittelpunktabstand von **1271** km bis **3471** km. Dort rotiert eine flüssige, kugelförmige Masse aus einem Eisen-Nickel-Gemisch um sich selbst. Diese Masse erzeugt magnetische, pulsierende Felder aufgrund elektrischer bewegter Ladungen..

Die erdmagnetfelderzeugenden Elemente sind magmatische Ströme, von etwa 2900 km Tiefe an abwärts.

Diese Ströme sind zu träge und auch zu stark um von kurzfristigen geologischen oder solaren Ereignissen beeinträchtigt zu werden. Das magnetische Erdfeld, das magnetische Schwingungsgefüge und damit das magnetische Gittersystem besitzen daher ein gewisses **Beharrungsvermögen**, das allen äußeren Einflüssen entgegen wirkt.
Veränderung des Erdmagnetfeldes, in Intensität und Struktur, kann daher nur durch Veränderung der magmatischen Ströme in ihrem Verlauf, oder ihrer Fließgeschwindigkeit bzw. -dichte bewirkt werden.

Das Erdmagnetfeld stellt ein schwingungsfähiges System dar. Aufgrund des Beharrungsvermögens der zugrunde liegenden Ströme ist das erdmagnetische Gittersystem ein **gedämpfter harmonischer Oszillator**. [21]
Ein harmonischer Oszillator lässt sich durch seine Reaktionen auf äußere Einflüsse darstellen. Dazu benutzt man eine Sprungfunktion, auch als Treppenfunktion oder Heaviside-Funktion bekannt. [22]
Das ist eine Funktion die bei Zeiten kleiner t_0 Null ist und bei t_0 auf Eins springt und auf diesem Niveau bleibt. Gibt man eine solche Funktion auf einen gedämpften harmonischen Oszillator so reagiert dieser mit charakteristische Reaktionen. Im Falle des magnetischen Gittersystems erhält man die folgenden Schwingungsformen:

1) Pumpen des Gesamtsystems, d.h. Ausdehnung und Zusammenziehung der radialen Sphären

2) Schwingen bzw. Pulsieren der Gitterwände

3) Plötzliche Ausdehnen der Gitterwände und langsames Zurückkehren in den Ausgangszustand (aperiodischer Grenzfall)

16.4 – Solare Phänomene und Reizstreifen

Atmosphärische Schichten sind mit magnetischen Schichten verbunden. (Band 1 – Kapitel 3.7)
Daher können auch **solare** Einflüsse, bei Auftreffen auf die Magnetosphäre bzw. Atmosphäre, als Sprungfunktionen zu Schwingungsreaktionen führen. Dazu gehören:

1) Sonnenstürme, wenn sie auf die Magnetosphäre und Atmosphäre auftreffen

2) Ausfallen bzw. Einsetzen der solaren Einflüsse

3) Tag-Nacht-Grenzen

4) Sonnen-Finsternisse

Diese solaren wie elektromagnetischen Ereignisse können, solange der Vorgang andauert, das Gittersystem lokal oder regional deformieren.
Alle in 16.3 genannten Schwingungsformen können dabei auftreten.

16.5 – Geologische Effekte und Reizstreifen

Geologische Schalen sind mit magnetischen Schichten verbunden. (Band 1 – Kapitel 3.5)
Die Materie der Erde verfügt über para/dia/ferro-magnetische Eigenschaften. Daher können piezoelektrische Effekte und damit auch magnetische Einflüsse als Sprungfunktionen von geologischen Ereignissen auftreten. Dazu gehören:

1) geologische Effekte wie eine Verschiebung von tektonischen Platten bzw. Plattenanteilen

2) Vulkanismus

3) Erdbeben

Diese geologischen wie elektromagnetischen Ereignisse können, solange der geologische Vorgang dauert, das Gittersystem lokal oder regional deformieren.
Alle in 16.3 genannten Schwingungsformen können dabei auftreten.

16.6 – Zusammenfassung

Das **Curry-Netz** wird durch die Multiplikation der ersten Oberwellen der Grundschwingungen erzeugt. Das Curry-Netz ist das Nullgitter der ersten Oberwelle. Das Curry-Netz ist das erzeugende Schwingungssystem.

$$C = \sin 2\alpha \cdot \sin 2\beta$$

Das **Benker-Kuben-System** wird durch die Addition der beiden Grundschwingungen erzeugt. Das Benker-System wird durch das Curry-Netz erzeugt.

$$BKS = \sin \alpha + \sin \beta$$

1 Grundschwingung = 1 Benkerdiagonale = 4 Curry
1 Benkerdiagonale = $\sqrt{2} \cdot$ Benker

Das Hartmann-Gitter ist eine Oberwellenstruktur des Benker-Gitters:
+f, ±2f, ± 4f, +5f

Das Benker-Kuben-System und das Hartmann-Gitter bilden ein **Globalnetzgitter** des Erdmagnetfeldes.

Ost-West Richtung: **1 Benker = 4 Hartmann**
Nord-Süd Richtung: **1 Benker = 5 Hartmann**

Die Addition der Grundschwingungen erzeugt die **Wittmanschen Polpunkte**.

16.6.1 - Satz: **Das Curry-Netz, das Benker-Kuben-System, das Hartmann-Gitter und die Wittmannsche Polpunkte bilden ein Planetares Schwingungssystem, welches ein Subsystem des erdmagnetischen Schwingungsgefüges darstellt.**

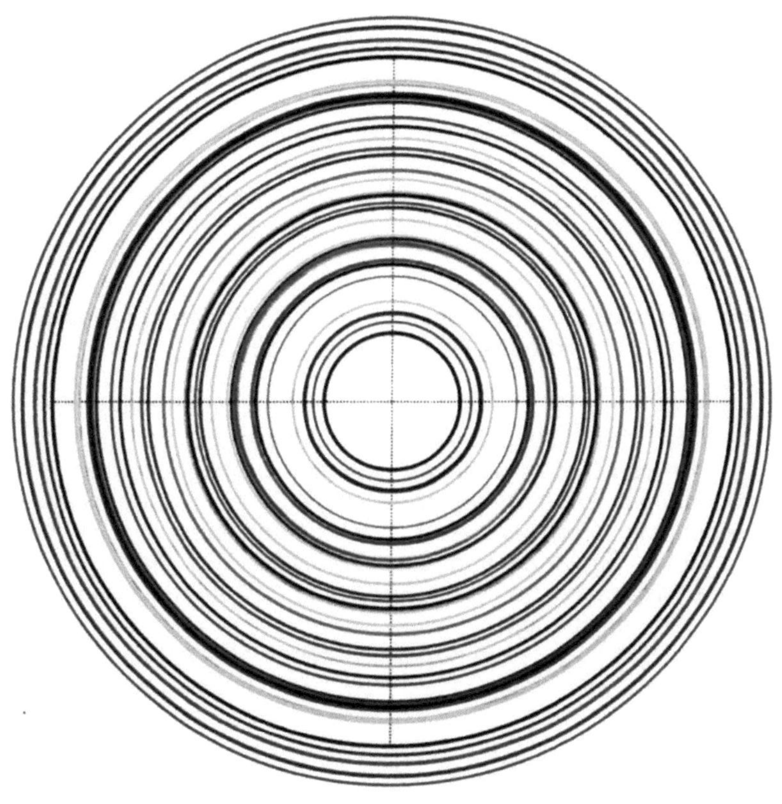

Teil 7 – Biologische Zusammenhänge

17 – Magnetfeld und Lebewesen

17.1 – Evolution

Mit der Konstruktion des Schwingungsgefüges in Teil 1 und der Anwendung aus Teil 2 steht ein mathematisches wie physikalisches Modell zur Verfügung, dass es ermöglicht auch Strukturen der Radiästhesie bezüglich der Erde auf einer Schwingungsbasis zu erklären. Um dies aber umfassend tun zu können, müssen vorher noch ein paar Zusammenhänge zwischen Erdmagnetfeld und Lebewesen geklärt werden. Was im Folgenden geschieht.
Aus den Betrachtungen von Band 1 folgt: Das Magnetfeld und das magnetische Schwingungsgefüge existieren seit mindestens 3 Milliarden Jahren.

Die gesamte Evolution hat sich im natürlichen Magnetfeld dieses Planeten entwickelt

Ein weiteres Indiz für die Konstanz des Erdmagnetfeldes ist, dass die Evolution dieses als Orientierungsmittel ausnutzt.
Eine Reihe von Tieren orientiert sich am erdmagnetischen Feld – über 50 Hauptarten, darunter Bakterien, Würmer, Bienen, Hummeln, Schmetterlinge, Krebstiere, Aale, Fische, Langusten, Lurche, Schildkröten, viele Vogelarten und auch Nagetiere. Bei Haien, Rochen, Robben, Alligatoren und Walen weiß man das sie magnetische Felder wahrnehmen können.
In meinem Buch „Gitterstrukturen des Erdmagnetfeldes" sind zum Thema Tiere und Erdmagnetfeld über 300 Untersuchungen zu finden. [2]

17.2 – Studien

Es existieren eine Reihe von Studien zum Themenkreis Mensch und elektromagnetische Frequenzen und Felder.

17.2.1 – Hippocampus und Schumann-Frequenz

1978 entdeckten **O'Keefe** und **Nadel** das Vorkommen der Schumann-Frequenz (7,8 Hz) im Hippocampus Dieses Hirnareal ist für

Aufmerksamkeit und Konzentration wichtig, und ist praktisch bei allen Säugern vorhanden. [23] (siehe dazu „The Hippocampus as a Cognitive Map" von O'Keefe und Nadel)

17.2.2 – Adey-Fenster

Ab Mitte der 70er Jahre machten **W.R. Adey** [24] und **S.M. Bawin** [25] [26] Versuche mit Gehirngewebe von Hühnern und Katzen. Sie bestrahlten das Gewebe mit modulierten VHF-Feldern
Bei ihren Untersuchungen fanden Adey und Bawin einen schmalen Intensitäts- und Frequenzbereich, in welchem die behandelten Zellen reagierten. Außerhalb dieser Bereiche erfolgte jedoch keine bzw. nur minimale Reaktion. Der experimentell ermittelte Frequenzbereich wird inzwischen als **Adey-Fenster** bezeichnet.

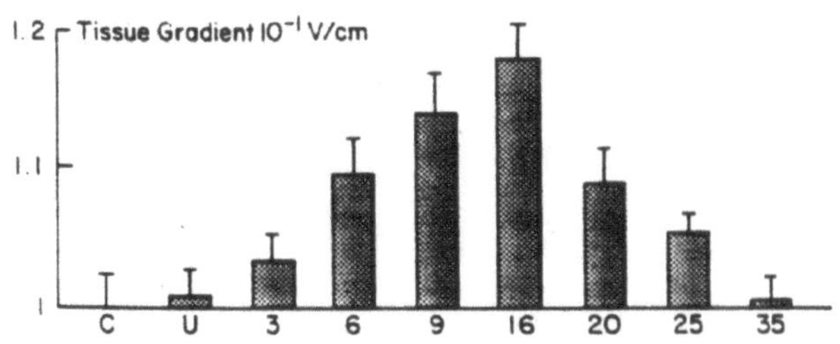

Die Frequenzen des Adey-Fensters stehen in Beziehung zur Erdfrequenz und auch zur Schumann-Frequenz.

Abbildung 17.1.1 – Adey-Fenster

In Abbildung 17.1.1 sind Ergebnisse eines Versuch von Bawin aus dem Jahr 1975 zu sehen. Dabei wurde eine Frequenz von 147 MHz mit einer ELF-Amplitudenmodulation benutzt. Als Reaktion auf die Bestrahlung wurde der Ca-Ionen-Efflux der Zellen gemessen.
Für die Abbildung 17.1.1 gilt: In einem Bereich von 3 Hz bis etwa 25 Hz ist eine prägnante Reaktion zu erkennen. Deutlich ist zu sehen, dass von 6 Hz bis 20 Hz ein Maximum (an Reaktion) gegeben ist.
Hier wären noch die Versuche von Blackman, Elder, Benane, House, Joines und anderer Wissenschaftler zu nennen, die ähnliche Versuche wie Adey und Bawin unternahmen und deren Ergebnisse bestätigten. [2-Seite 141,200]
Darüber hinaus existieren mittlerweile etliche Untersuchungen zum Thema Lebewesen und elektromagnetische Felder. Im Buch „Gitterstrukturen des Erdmagnetfeldes" sind zu diesem Thema über 1200 Untersuchungen zu finden (etwa 90 % der Forschung des 20. Jh.). [2]

Betrachtet man das Adey-Fenster nicht als Kontinuum, sondern nimmt die in der Abbildung 17.1.1 angegebenen diskreten Frequenzen, so erhält man die folgende Reihe (in Hz):

$$3 - 6 - 9 - 16 - 20 - 25 - 35$$

Wobei um jede Frequenz ein Bereich von $\pm 0{,}8$ Hz Toleranz besteht.

Die Frequenzfolge: $3 - 6 - 9 - 16 - 20 - 25 - 35$

halbieren: $1{,}5 - 3 - 4{,}5 - 8 - 10 - 12{,}5 - 17{,}5$

und runden: $2 - 3 - 5 - 8 - 10 - 13 - 18$

Und das entspricht der, aus der Mathematik bekannten **Fibonacci-Folge**. [27] Die Fibonacci-Folge spielt immer da eine Rolle, wo Proportionen mit dem goldenen Schnitt zu finden sind. Die Fibonacci-Folge kommt daher auch in der Natur vor, wie bei spiralförmigem Wuchs von Pflanzen oder auch in der Struktur von Samenkörnern in Blütenständen (Sonnenblume). Gleichfalls taucht die Fibonacci-Folge in der Größe der Populationen auf, z.B. bei Kaninchen und auch Bienen. (Band1 – Kapitel 8.9)

Aus den Frequenzen, die Erdfrequenz und Schumann-Frequenz gemeinsam besitzen tritt $f_o/3 = f_s/2 = 3{,}9307$ **Hz** als erste kleinste natürliche Frequenz auf.
Daraus lässt sich die Grundfrequenz für das Adey-Fenster bestimmen mit:

Adey-Grundfrequenz:

$$f_m = 1/4\ f_s = 1/6\ f_o = 1{,}9653\ \text{Hz}$$

Dann lassen sich die Frequenzen des Adey-Fensters als Fibonacci-Folge darstellen:

3,9307	5,896	9,8267	15,7227	25,549
$2 \cdot f_m$	$3 \cdot f_m$	$5 \cdot f_m$	$8 \cdot f_m$	$13 \cdot f_m$

17.2.3 – REFLEX-Studie

Inzwischen ist die Thematik der biologischen Auswirkungen elektromagnetischer Felder, unter dem Begriff der elektromagnetischen Verträglichkeit, auch in der Öffentlichkeit angekommen und wird seit Erscheinen der REFLEX-Studie 2003, die von **Franz Adelkofer** geleitet wurde, vermehrt diskutiert. [28]
REFLEX ist der Kurzname für das von der Europäischen Union im fünften Rahmenprogramm geförderte Forschungsvorhaben „Risk Evaluation of Potential Environmental Hazard from Low Energy Electromagnetic Field Exposure Using Sensitiv in vitro Methods". An dem Projekt waren zwölf Forschergruppen der Universitäten Bologna, Bordeaux, Mailand, Wien, Zürich, Berlin und Hannover sowie fünf nichtuniversitäre Forschungszentren beteiligt.
Das Ziel war, den potentiellen Einfluss von elektromagnetischen Feldern niedriger Energie auf biologische Systeme an Zellkulturen zu erforschen.
Dabei zeigte sich, dass Frequenzen im Radiobereich, schon unterhalb der geltenden Sicherheitsgrenzen in der Lage sind, schädigende Einflüsse auf Zellen auszuüben. Auch eine gentoxische Wirkung - selbst schwacher Felder - konnte nachgewiesen werden, was z.B. bedeutet, dass elektromagnetische Strahlung zu Veränderungen an den Chromosomen führen kann. Es ist also von einer Auswirkung selbst schwacher elektromagnetischer Felder auf lebende Zellen auszugehen. [2-Seite 201]

17.2.4 – Urzeit-Code

Einen weiteren Hinweis liefert der sogenannte Urzeit-Code. [29] Ende der 1980er-Jahre gelang den beiden Schweizer Forschern Dr. **Guido Ebner** und **Heinz Schürch** beim Pharmakonzern Ciba (Novartis) eine verblüffende Entdeckung: In Laborexperimenten setzten sie Getreide, Fischeier und Farne einem elektrostatischen Feld aus.
Das Resultat bestand darin, dass Wachstum und Ertrag in diesem statischen E-Feld erheblich gesteigert werden konnten – ohne Zuführung von Dünger oder Pestiziden.
Gleichzeitig wuchsen dabei völlig überraschend „Urzeitformen" heran, die längst ausgestorben sind: Ein Jahrmillionen alter Farn, den kein Botaniker bestimmen konnt,. Urmais mit bis zu zwölf Kolben pro Stiel, wie er einst in Südamerika wuchs und ausgestorbene Riesenforellen mit Lachshaken.
Der Pharmakonzern Ciba patentierte das Verfahren und unterband die Forschung. Daher geriet die Entdeckung schnell in Vergessenheit.

Welchen Grund hatte der Pharmakonzern Ciba die Forschung ein-
zustellen? Weil sogenanntes Ur-Getreide aus dem Elektrofeld
schneller und ertragreicher wächst, resistenter gegenüber Schädlin-
gen ist und weniger Pestizide benötigt als moderne Züchtungen.
Das Phänomen des Urzeit-Codes zeigt EINDEUTIG, dass elektro-
statische Felder GENVERÄNDERND wirken.

17.2.5 – Circadiane Rhythmen und Magnetfeld

In den 60. Jahren des 20. Jh. führte der Wissenschaftler **Rütger
Wever** [30] am Max Planck-Institut in Erling - Andechs Experimente
mit Frei-willigen durch, die einen Monat lang in einem magnetisch
abgeschirmten Bunker beobachtet wurden. [31] Dabei traten Störun-
gen bei den sogenannten circadianen Rhythmen (innere Uhren) auf,
d.h. es kam zur Destabilisierung des Wach-Schlaf-Rhythmus, des
Tagesganges der Körpertemperatur und des Cortison-Spiegels im
Blut, um nur einige Beispiele zu nennen.

Die Konsequenz ist:

**Abhängigkeit menschlicher circadianer Rhythmen
vom Erdmagnetfeld**

17.2.6 – Schumannwellen-Generatoren

Während der ersten bemannten Raumflüge stellten sich erhebliche
physiologische Probleme bei den Astronauten ein. Diese kamen
physisch wie psychisch vollkommen ermattet zurück und die Regeneration dauerte oft Wochen. Dies konnte durch die Installation von
Schumannwellen-Generatoren behoben werden. In den 70. Jahren
des 20. Jahrhunderts entwickelten **Michael Persinger** [32] [33] und
Wolfgang Ludwig [34] [35] die Magnetfeldgeneratoren mit 7,8 Hertz,
die seitdem in der Raumfahrt benutzt werden.

**Direkter Zusammenhang:
Regeneration - Schumann-Frequenz – Erdmagnetfeld !!!**

17.2.7 – rTMS

Beachtenswert sind hier noch die Experimente mit einem medizinischen Verfahren, das als **repetitive Transcranielle Magnetstimulation** (rTMS) bezeichnet wird. Die Transcranielle (lateinisch für „durch
den Schädel hindurch") Magnetstimulation (TMS) wurde vor etwa

zwanzig Jahren erstmals von Medizinern angewandt, um einzelne Gehirnbereiche durch ein Magnetfeld anzuregen.

Die Wirkung der TMS beruht auf dem physikalischen Prinzip der elektromagnetischen Induktion, nach dem ein elektrischer Strom fließt, wenn ein Magnetfeld auf- oder abgebaut wird. Bei der TMS wird ein Magnetfeld in einer Spule erzeugt, die am Kopf eines Menschen angebracht wird. Dabei ist die Positionierung der Magnetspule für die Generierung aussagekräftiger Daten von entscheidender Bedeutung. Durch die Spule können in den Nervenbahnen einzelner Hirnregionen sehr gezielt Stromflüsse induziert werden. Als repetitive Transcranielle Magnetstimulation (rTMS) werden Verfahren bezeichnet, bei denen sich die magnetischen Reize in schneller Folge wiederholen. **[2-Seite 202]**

**Alle Versuche mit TMS zeigen, dass unser Gehirn
direkt auf elektromagnetische Einflüsse reagiert.**

17.2.8 – Magnetitkristalle im Gehirn

Interessant in diesem Zusammenhang sind hier noch die Forschungen von **Joseph L. Kirschvink**. **[36] [37]** Er untersuchte das menschliche Gehirn bezüglich elektromagnetischer Sensorik bzw. Sensorelemente. Die Untersuchungen an menschlichem Gewebe fanden in den 80er und 90er statt.

Die meisten Regionen des Gehirns enthalten etwa 5 Millionen Magnetitkristalle pro Gramm. Die Gehirnmembran sogar 100 Millionen Magnetitkristalle pro Gramm. Magnetit reagiert etwa eine Million mal stärker auf ein äußeres Magnetfeld, als jedes andere biologische Material.

Das menschliche Gehirn verfügt über Magnetit-Antennen

Insgesamt ergibt sich daraus die folgende Arbeitshypothese für die Radiästhesie:

Der Mensch verfügt über einen Sinnes- bzw. Wahrnehmungskanal bezüglich elektromagnetischer Felder.

Ein Experiment zum Nachweis dieser Hypothese wird im nächsten Kapitel bekannt gegeben.

17.3 – Mensch und Erdmagnetfeld

Die Übereinstimmung der Erdfrequenz mit dem Alpha-Bereich der Gehirnwellen, die Übereinstimmung der Schumann-Frequenz [38] [39] mit der Hippocampus-Frequenz, die Problematik die sich z.B. an Astronauten oder bei magnetischer Abschirmung ergibt, wenn das Erdfeld fehlt und die Forschungen von Michael Persinger [32] und Wolfgang Ludwig [34] dazu, das Adey-Fenste [24], die Arbeiten von Joseph Kirschvink [36], Rütger Wever [30] u.a., die Studien zur elektromagnetischen Verträglichkeit, die Auswirkungen von Elektrosmog und schließlich das Grundfeldmodell legen folgende Konsequenz nahe:

Lebewesen sind von (elektro-)magnetischen Feldern abhängig. Sowohl die Frequenzen als auch die Intensitäten dieser Felder sind relevant.

Die Erdfrequenz: 11,75 bzw. 11,79 Hertz liegt im **Alpha-Bereich** der menschlichen Gehirnwellen – Wachzustand

Die Schumann-Frequenz: 7,83 Hertz liegt im **Theta-Bereich** der menschlichen Gehirnwellen - Schlafzustand

Der Mensch scheint das magnetische Erdfeld zu brauchen, um einen gesunden Schlaf, funktionierende Selbstregulation des Körpers, stabile Selbstheilungskräfte, Ausgeglichenheit, Konzentrationsfähigkeit und Wohlbefinden zu gewährleisten

**Man kann das als Anpassung des Menschen
an die Erdfelder und Erdfrequenzen auffassen**

17.4 – Biologische Frequenzen

Es besteht ein Zusammenhang zwischen Lebewesen, Erdfrequenz und Schumannfrequenz. [39] An der Grundbeziehung zwischen Erd- und Schumann-Frequenz (Band 1 - Kapitel 3.10.1 und 3.12) ändert sich nichts, wenn die Gleichung mit einem ganzrationalem Verhältnis (Bruch) multipliziert wird.

$$\frac{f_s}{2} = \frac{f_o}{3} \qquad \boxed{f_{os} = \frac{n \cdot f_o}{3k} = \frac{n \cdot f_s}{2k}} \qquad n, k = 1,2,3,4...$$

Es entsteht so ein Spektrum von Frequenzen, die Erdfrequenz und Schumann-Frequenz **gemeinsam** besitzen und die in **harmonikalen** Verhältnissen zur Erdfrequenz und zur Schumann-Frequenz stehen.

k \ n	1	2	3	4	5	6	7	8	
1	3,9307	1,9653	1,3102	0,9827	0,7861	0,6551	0,5615	0,4913	Hz
2	7,8613	3,9307	2,6204	1,9653	1,5723	1,3102	1,123	0,9827	Hz
3	11,792	5,896	3,9307	2,948	2,3584	1,9653	1,6846	1,474	Hz
4	15,7227	7,861	5,2409	3,9307	3,1445	2,6204	2,2461	1,9653	Hz
5	19,6533	9,8267	6,5511	4,9133	3,9307	3,2756	2,8076	2,4567	Hz
6	23,584	11,792	7,8613	5,896	4,7168	3,9307	3,3691	2,948	Hz
7	27,5147	13,7573	9,1716	6,8787	5,503	4,5858	3,9307	3,4393	Hz
8	31,4453	15,7227	10,4818	7,8613	6,2891	5,2409	4,4922	3,9307	Hz
9	35,376	17,688	11,792	8,844	7,0752	5,896	5,0537	4,422	Hz
10	39,3067	19,6533	13,1022	9,8267	7,8613	6,5511	5,6152	4,9133	Hz
11	43,2373	21,6187	14,4124	10,8093	8,6475	7,2062	6,1768	5,4047	Hz
12	47,168	23,584	15,7227	11,792	9,4336	7,8613	6,7383	5,896	Hz
13	51,0987	25,5493	17,0329	12,7747	10,2197	8,5164	7,2998	6,3873	Hz
14	55,0293	27,5147	18,3431	13,7573	11,0059	9,1716	7,8613	6,8787	Hz
15	58,96	29,48	19,6533	14,74	11,792	9,8267	8,4229	7,37	Hz

Sferics

Adey-Fenster

k	3
n	
1056	4150,784
1584	6226,176
2112	8301,568
2640	10376,96
3168	12452,35
7128	28017,79
12672	49809,41

Die von Hans Baumer gefundenen Sferic-Frequenzen bzw. Wetter-frequenzen [40] sind in der dritten Spalte der Tabelle zu finden. Die Frequenzen des Adey-Fensters sind in der vierten Spalte der Tabelle zu finden. (Band 1 - Kapitel 3.1)

17.4.1 Definition: Die von der Erdfrequenz und der Schumann-Frequenz erzeugten gemeinsamen Frequenzen kann man als **biologische Frequenzen** bezeichnen.

Es bestehen folgende Zusammenhänge zwischen Erdfrequenz, Schumann-Frequenz und Sferics (Band 1 - Kapitel 3.1 und 3.11):

Erdgrundfrequenz = 11,792 Hz

Die Schumann-Frequenz ist im Spektrum der Erdfrequenzen enthalten.

Schumann-Frequenz = 2/3 · Erdfrequenz = 7,83 – 7,86 Hz

Die Erdfrequenz ist die Quinte zur Schumann-Frequenz.

Die Sferic-Frequenzen sind im Spektrum der Erdfrequenzen enthalten.

Sferics = $352 \cdot$ Erdfrequenz = $11 \cdot 2^5 \cdot$ Erdfrequenz = 4150,84 Hz

Die Sferic-Grundfrequenz ist die 5. Oktave der 10 Oberschwingung der Erdfrequenz.

Die Sferic-Grundfrequenz ist die 4. Oktave der 32. Oberwelle der Schumannfrequenz.

Sferics = $33 \cdot 2^4 \cdot$ Schumann-Frequenz

Schumann-Frequenz und Sferics sind reale elektromagnetische Phänomene der Erde.

17.5 – Erhöhung der Schumann-Frequenz

In alternativen Szenerien kursiert die Information das sich die Schumann-Frequenz ändert oder das neue Gitter entstehen. Das vorliegende Modell lässt dazu folgende Schlussfolgerungen zu:

Nach dem Schwingungsmodell sind alle Planetaren Systeme durch ein einziges Schwingungsgefüge darstellbar. Da daraus auch die Schumann-Frequenz ableitbar ist, ist die Konsequenz das Schumannresonanz und Gitter miteinander gekoppelt sind.
Nach dem Modell kann sich die Schumann-Frequenz nicht grundsätzlich ändern, da sie eine Konstante des Erdschwingungsgefüges ist. Da müsste sich schon die Gestalt der Erde ändern.

Die Schumannfrequenz ist die Eigenfrequenz der Atmosphäre. Und da diese alle möglichen Fluktuationen unterworfen ist, kann die Schumannresonanz in gewissen Grenzen schwanken. Auf die Atmosphäre bezogen ist die Schumannresonanz eigentlich nur ein Mittelwert.
Es kommt also darauf an wann und wo ich Messungen zur Schumannresonanz mache - es können also unterschiedliche Werte gemessen werden.

Eine sogenannte grundsätzliche Frequenzanhebung ist nach dem Modell nicht möglich. Dann müssten sich z.B. auch die Sferic-Frequenzen ändern und das ist nicht der Fall.

Ein anderer Fehler kann einfach auch darin bestehen, dass hier die Erdfrequenz mit der Schumannfrequenz verwechselt wird.

Bei einem Schwingungsgefüge auf bzw. um eine Kugel werden durch den Parameter **n** (Anzahl der Schwingungen) schon alle ganzen Zahlen (bis unendlich) durchlaufen. Es kann also kein neues **n** entstehen und damit auch keine neuen Gitter.

Was aber geschehen kann:
Bei einer Änderung des Magnetfeldes ändern sich die Koeffizienten vor den Winkelfunktionen, letztlich also die Amplituden. Die Konsequenz ist eine Verstärkung (oder weitere Abschwächung) von schwächeren Gittern, bzw. eine Abschwächung (oder weitere Verstärkung) stärkerer Gitter stattfindet.
So ist eine dauerhafte Intensitätsänderung einzelner Gitter durchaus möglich.

17.6 – Stationäre Schwingungszustände

In der Regel langt eine einfache Bestrahlung mit elektromagnetischen Feldern noch nicht aus um Phänomene wie Elektrosmog oder
Strahlensucher bzw. Strahlenflüchter hinreichend zu erklären.

Im (magnetischen) Schwingungsgefüge können lokal Verzerrungen
vorkommen die durch entsprechende geologische oder technologische Begebenheiten zu einem **stationären Zustand bestimmter
Schwingungsvorgänge** und Frequenzen geworden sind.

Eine längere Bestrahlung (Verweilen an einem Ort) mit diesen nicht
biologischen Frequenzen bringt unser biologisches System ins Un-
gleichgewicht. Weil auch gleichzeitig die positiven Wirkungen des
natürlichen Feldes auf unseren Organismus entfallen, kann dies
durchaus krankmachende Wirkung haben.
Von dieser These geht auch die Annahme aus, dass Krebserkran-
kungen entstehen können, wenn Betten auf sogenannten Energielinien bzw. Kreuzungen mit darunter liegendem Wasserverlauf stehen. Da die Gitterlinien bzw. -wände aus Nullwerten des Feldes bestehen, kommen hier ganz einfach alle anderen auftretenden „Stör-
Frequenzen" also nicht biologische Frequenzen zur Wirkung.
Aufgrund der bisherigen Betrachtungen kommt hinzu, dass die Regeneration in ihrer Effektivität gemindert wird, wenn Schlafplätze sich
auf den Nullwertzonen befinden, wenn also die biologischen Frequenzen fehlen.
Heißt also: die Gitterlinien und -wände haben gar keine direkte Auswirkung auf die Krankheit, sind demnach **nicht** die direkte Ursache.
Sie stellen lediglich einen Dispositionsfaktor dar, der aber allein für
sich noch nicht ausreicht, um Krankheit zu verursachen.
Wenn man unter dem Begriff der Bestrahlung auch stationäre Zu-
stände mit einbezieht, dann kann man folgendes definieren:

17.6.1 – Elektromagnetischer Smog

**EM-Smog ist die elektromagnetische „Bestrahlung" von Le-
bensformen mit Frequenzen, Intensitäten oder Wellenformen an
die das Leben auf diesem Planeten nicht angepasst ist.**

1) die elektromagnetische Bestrahlung von Lebensformen mit
   nichtbiologischen Frequenzen (Nicht-Anpassung)

2) die elektromagnetische Bestrahlung von Lebensformen mit biologischen Frequenzen überhöhter Intensität (Überdosis)

3) die elektromagnetische Bestrahlung von Lebensformen mit Nichtsinus Formen (Nicht-Anpassung)

17.6.2 – Strahlensucher, Strahlenflüchter

Die Einteilung in Strahlensucher und Strahlenflüchter ist praktisches, durch den Volksmund schon lang überliefertes Wissen. Es hat seinen Eingang in die wissenschaftliche Welt aber noch nicht gefunden. Und hier liefert das Grundfeldmodell einen Ansatz.

Im magnetischen Feld können lokal Verzerrungen vorkommen, die durch entsprechende geologische oder technologische Begebenheiten zu einem stationären Zustand bestimmter Schwingungsvorgänge geworden sind – wie beim Elektrosmog.
Die damit verbundenen Intensitäten und Frequenzen sind für manche Tier- und Pflanzenarten (nämlich die Strahlensucher) gut verträglich. Während die Strahlenflüchter einfach andere (die natürlichen) Frequenzverhältnisse brauchen, um sich wohl zu fühlen.

Die Gitter alleine spielen hier keine Rolle. Das zeigen z.B. auch Weizenfelder. Weizen wird (in der Regel) als Strahlenflüchter bezeichnet. Hätten die Gitter für sich eine sichtbare Auswirkung dann müssten sie sich im Pflanzenwuchs bemerkbar machen. Das ist aber nicht der Fall.
Es muss schon eine dauerhafte nicht biologische Bestrahlung vorliegen, um sich auf das sichtbare Wachstum von Pflanzen auszuwirken. Untersuchungen bezüglich Frequenz und Intensität könnten klären ob dadurch eine genauere Klassifizierung der verschiedenen Frequenzbereiche für Tiere und Pflanzen ermöglicht wird. Und sie könnten zu einer genauen Klassifizierung sogenannter belasteter Plätze führen.

Damit wäre auch ein Ansatz gegeben um **Strahlensucher** bzw. **Strahlenflüchter** erklären zu können:
Die mit den stationären Zuständen verbundenen Intensitäten und Frequenzen sind für manche Tier- und Pflanzenarten gut verträglich - also den Strahlensuchern.
Während die Strahlenflüchter einfach die natürlichen (biologischen) Frequenzverhältnisse brauchen um sich wohl zu fühlen.

18 – Ein Sinn für elektromagnetische Felder

Wenn also Menschen von elektromagnetischen Feldern abhängig sind, bzw. von den Frequenzen und Intensitäten dieser Felder und magnetische Antennen im Gehirn existieren, dann ist die Annahme nahe liegend, dass wir über einen Sinnes- bzw. Wahrnehmungskanal bezüglich elektromagnetischer Felder verfügen. Die Existenz sogenannter Sensitiver oder elektrosensibler Menschen spricht für diese Annahme. Daher lässt sich hier folgendes Axiom aufstellen:

Der Mensch verfügt über einen Sinnes- bzw. Wahrnehmungskanal bezüglich elektromagnetischer Felder.

Zu diesem Thema existieren auch einige Veröffentlichungen von R.R. Baker aus den 80er Jahren über die menschliche Wahrnehmung und Navigation in Zusammenhang mit Magnetorezeption. [41] Mit dem Axiom einer (elektro)magnetischen Wahrnehmung wäre ein Ansatz gegeben, um sogenannte Elektrosensitivität sowie Fühlen bzw. Spüren innerhalb der Geomantie und der Radiästhesie erklären zu können.

18.1 – Zur Detektion von Energielinien

Sogenannte Energielinien bzw. Gitterkreuzungen werden in der Radiästhesie bis heute mit Ruten unterschiedlichster Art detektiert. Die herkömmliche Wissenschaft hat hier nur scheinbar eine Antwort parat. - Das idiomotorische Prinzip bzw. den Carpenter-Effekt. [42] Dieser besagt, dass das Sehen, Vorstellen bzw. Denken einer bestimmten Bewegung die Tendenz zur Auslösung eben dieser Bewegung bewirkt.
Der Carpenter-Effekt erklärt aber nicht, wodurch die Vorstellungen letztlich induziert werden. Und er erklärt auch nicht das Phänomen der Brunnensucher, die so erfolgreich sind, dass sie sogar im industriellen Bereich weltweit zum Einsatz kommen.
Wer sich mit Channeling-Phänomenen schon einmal auseinander gesetzt hat, der weiß, dass ein Medium bzw. ein Channel die Antwort (die Detektion einer Energielinie) **schon kennt**, wenn sich die Rute gerade erst bewegt. Das heißt: die Rute selbst ist kein Sensorelement, sondern lediglich ein Zeiger.
Der eigentliche Sensor ist der Mensch. Dabei ist zu beachten, dass die Wahrnehmung der Energielinien sogar stärker emotionalen Einflüssen ausgesetzt ist, als andere Arten der Wahrnehmung. Das

Arbeiten mit Rute und Pendel ist ein **Channeling-Phänomen** und die Wahrnehmung erfolgt hier über die Emotionen, also der Psyche.

Eine Konsequenz des emotionalen Moments ist, dass eine ablehnende Haltung bzgl. dieses Phänomens zu einer mehr oder weniger starken Blockade dieses Wahrnehmungskanals führt. Und selbst bei Gebrauch des Kanals ist es erforderlich, zwischen dem Wahrgenommenen und den eigenen emotionalen wie mentalen Resonanzen zu **unterscheiden**. Daher bedarf es schon eines gewissen **Trainings**, um sich diesen Wahrnehmungskanal zunutze machen zu können.

Ein weiteres Phänomen unseres elektromagnetischen Wahrnehmungskanals ist die invertierende Eigenschaft desselben. Denn die als Energielinien bezeichneten Feldelemente stellen ja Nullwerte (Band 1 - Kapitel 2.8) des Feldes dar – werden aber so erlebt als ob dort etwas vorhanden wäre. Fassen wir also zusammen:

Wir reagieren auf das Nichtvorhandensein bestimmter elektromagnetischer Frequenzen.

Der elektromagnetische Kanal ist der emotionalen Filterung und die Invertierung ausgesetzt.

Der elektromagnetische Kanal lässt sich als indirekte Wahrnehmung erklären.

Anfang der 70er Jahre bewies der Mediziner Harold Saxton Burr, dass alle Lebewesen ein messbares elektromagnetisches Feld um sich herum erzeugen. [43] Heute ist es unstrittig, dass der Mensch selbst ein schwaches elektromagnetisches Feld erzeugt. **Es sollte daher nicht verwundern, wenn bestimmte Interaktionen zwischen dem Eigenfeld und einem Fremdfeld, zur Wahrnehmung des äußeren Einflusses führt.**

Berücksichtigt man, dass die als Energielinien bezeichneten Feldelemente Nullwerte darstellen (Band 1 - Kapitel 2.8) und dass die emotionale Filterung und Invertierung des Wahrnehmungskanals hinzu kommen, lässt sich sagen warum bisher viele der getätigten Doppelblindversuche bezüglich Radiästhesie oder Geomantie zu einem negativen Ergebnis führten. Sie gingen schlichtweg alle von falschen Voraussetzungen oder auch Rahmenbedingungen aus. Es geht ja nicht um die Detektion von etwas, sondern um das Fehlen von etwas, soweit es die Gitter anbelangt.

18.2 – Impedanzänderungen

Im Bereich einer Störzone bzw. Gitterlinie befindet sich ein Übergang des Feldes von Erde in Luft und damit existiert eine Impedanzänderung im Feld. Genauer eine Änderung des Feldwellenwiderstandes: [44]

$$Z = \sqrt{(\mu/\varepsilon)} = \text{Wurzel (mü/epsilon)}$$

Die relative magnetische Permeabilität μ (mü) ist für Erde, Luft, Wasser und Vakuum etwa 1. Die relative Dielektrizitätskonstante ε (**epsilon**) ist jedoch abweichend:

Vakuum, Luft: 1
Wasser: 1,8
Erde: 4 bis 30

Schaut man sich die Situation in der Störzone genauer an, so bilden die Wellenfronten dort durch Interferenz eine radial nach außen strebende Welle. Und diese geht aus dem Medium Erde in das Medium Luft über. Vergleicht man die Wellenwiderstände für Luft und Erde so ergibt sich ein etwa 2 bis 5,5-fach kleinerer Widerstand für die Erde, gegenüber der Luft. In einer sogenannten Störzone wäre dann ein sprunghaftes Verhalten im Feldwellenwiderstand vorhanden.

Dies legt den Schluss nahe das auch Rutengänger nicht das Feld selber sondern Impedanzänderungen im Feld detektieren.

Gestein, Verwerfungen, Wasserläufe, Metalle im Boden würden ebenfalls zu Feldwellenwiderstandsänderungen führen und wären deshalb eben mutbar. Es würde erklären warum außer den Gittern auch andere Phänomene mutbar sind.

Legt man Detektion von Impedanzänderung bei der Mutung zugrunde, ergibt sich dazu ein einfacher Test. Man braucht dazu nur eine Fläche mit einem Material belegen z.B. abschirmende Substanzen oder auch Metallplatten oder eine Wanne mit Wasser. Darüber und über eine angrenzende unbedeckte Erdfläche wird ein Bretterboden so gelegt, dass die Trennung der beiden Flächen quer durch den Bretterboden verläuft.

Die Aufgabe des Rutengängers ist nun die Grenze zwischen den beiden Flächen zu muten. Die Frage ist hier: Wie groß muss eine flächenhafte Impedanzänderung sein um gemutet werden zu können?

18.3 – König und Betz

Aus den Impedanzänderungen erklärt sich auch warum alle frühern Untersuchungen zu nichts führten. In diesem Zusammenhang sind die Untersuchungen von H.L. König [45] und H.D. Betz [46] zu nennen, die ihre Ergebnisse 1989 in „Der Wünschelruten-Report" veröffentlichten. Es fanden zwei Arten von Experimenten statt.

18.3.1 – Laufbrettversuche

Mit diesen Versuchen im Freien sollte festgestellt werden, ob es reproduzierbare ortsabhängige Reaktionen einzelner Rutengänger gibt. Der Versuch geschah in zwei Durchläufen. Untersucht wurde, ob ein Rutengänger auch mit verbundenen Augen die Stelle wiederfindet, an der im ersten Durchlauf eine Wirkung vorhanden war. Die Reaktionen der verschiedenen Rutengänger verteilten sich, wie in früheren derartigen Experimenten, nach den Gesetzen des Zufalls.
Die Laufbrettversuche untersuchten ob ein Rutengänger die Stelle wiederfindet, an der er im ersten Durchlauf eine Wirkung verspürt hatte. Das sind Zufallsmutungen und gehen am Thema Impedanzänderung auch völlig vorbei, da real keinerlei signifikanten Impedanzänderungen vorhanden waren. Diese Versuche sind daher irrelevant.

18.3.2 – Röhrenversuche

Mit diesen Versuchen in Gebäuden sollte untersucht werden, ob wasserdurchströmte Röhren im darunter liegenden Stockwerk geortet werden können. Die Röhren wurden zwischen den Begehungen zufallsgesteuert verschoben. Die Reaktionen der meisten Rutengänger verteilten sich auch hier nach den Gesetzen des Zufalls. Einzelne Rutengänger jedoch erbrachten mehr Treffer, als mit dem Zufall zu erklären ist. Die Trefferrate war aber nie so hoch, dass von einer zuverlässigen Reaktion gesprochen werden konnte.
Wasser besitzt ein Wellenwiderstand der etwa das 0,75fache von Luft ist. Durch die Betondecke noch gefiltert war der Impedanzunterschied als lokales Phänomen (begrenztes Röhrensystem) **zu klein** um von den meisten detektiert zu werden. Man müsste dazu schon ziemlich sensitiv sein.
Anders sieht es schon aus wenn Wasserrohre im Boden liegen. Der Impedanzsprung ist hier dann größer als 3 (Genau genommen sogar zwei Übergänge: von Wasserleitung nach Erde und dann nach Luft) Außerdem erzeugt in einem genügend großem Rohr eine größere Wassermenge einen elektrischen Strom, der wiederum ein Magnet-

feld um die Wasserleitung erzeugt (und den Effekt intensiviert) und auch mit einem Kompass nachgewiesen werden kann. Beispiel hierfür sind die Ringleitungen um Krankenhäuser.

Also gingen die ursprünglichen Röhrenversuche schon in die richtige Richtung. Waren aber zu schwach aufgebaut. Und daher ungenügend um eine Aussage zum Muten machen zu können.

Desgleichen gilt für die Versuche und Studien die zur Zeit an deutschen Universitäten betrieben werden, in dem eine Reihe von Eimern präsentiert wird, von denen einer teilweise mit Wasser gefüllt ist. Der Impedanzunterschied als lokales Phänomen ist **zu klein** um von Menschen detektiert zu werden.

Die Versuche von König und Betz und anderen bestätigen letztlich nur die emotionale Filterung des Kanals und die Notwendigkeit eines **Trainings**, wenn man von einer natürlichen Begabung mal absieht. **Es ist daher sinnlos, eine zufällige Anzahl von Personen für diesen Versuch zu nehmen**. Man kann den Röhrenversuch als Selektionsverfahren bezeichnen - um „Sensitive" zu finden. Aber als Nachweis eines „feinstofflichen" Kanals bzw. Wahrnehmung ist er ungeeignet. Da es keinen Weg gibt, die emotionalen Anteile auszuschalten, lässt sich die emotionale Komponente nur minimieren, **wenn für eine Versuchsreihe lediglich <u>sensitive</u> und <u>trainierte</u> Menschen heran gezogen werden**.

18.4 – Irrt die Physik?

2003 erschien das Buch „Irrt die Physik?" des Skeptikers Martin Lambeck, in dem er versucht alternative Methoden wie die Homöopathie oder auch Phänomene wie die Radiästhesie zu widerlegen. [47]
Auf den Seiten 119-146 beschäftigt sich Lambeck mit Wünschelruten, Pendeln und Phänomenen der Radiästhesie wie den Gittern. Dabei übernimmt er die Prämisse einer Existenz von „Erdstrahlen", die auch von vielen Rutengängern angenommen wird. Wie in den letzten Kapiteln gezeigt werden konnte handelt es sich hier um die Wahrnehmung von Impedanzänderungen des magnetischen Feldes und durch die Invertierung der Wahrnehmung kommt es zu es hier zu der subjektiven Ansicht, dass da etwas sein müsste. Bei der Annahme einer Existenz von „Erdstrahlen" handelt es ich also um eine subjektive Fehlinterpretation einer realen Wahrnehmung.

Da Lambeck in seinen meisten Überlegungen ebenfalls von „Erdstrahlen" ausgeht sind seine Betrachtungen zum Thema Radiästhesie vollkommen irrelevant und auch irreführend.

Weiterhin unternimmt Lambeck den Versuch die Phänomene der Radiästhesie auf elektrische Felder zurück zu führen. Hierbei gibt er eine veränderte Versuchsanordnung an, die Heinrich Hertz 1886 [18] benutzte um elektromagnetische Wellen nachzuweisen. Auf Seite 131 schreibt er sogar „Im Rahmen der Vierkräftelehre kommen nur elektrische Felder in Frage." Er zieht dabei auch stehende elektromagnetische Wellen in Betracht, ist in seiner Sicht- und Denkweise aber nicht in der Lage hier die richtigen Schlüsse zu ziehen. Wie gesehen handelt es sich um **stehende magnetische Wellen** und daher geht der Ansatz die Gitter über elektrische Felder zu erklären am Kern des Themas vorbei.

Darüber hinaus beschäftigt sich Lambeck in seiner Abhandlung hauptsächlich mit Pendeln, obwohl hier der psychische Anteil und damit auch der Carpenter-Effekt eine wesentlich größere Rolle als bei Ruten spielt. Wie schon weiter oben erwähnt sind Pendel und Ruten nur Zeigerinstrumente, die eigentliche Wahrnehmung findet **im** Menschen statt. Daher ist es hier wichtig so wenig psychische Einflüsse wie möglich zu gewährleisten. Eine Rute speziell eine Lecher-Rute [48] ist hier noch am besten geeignet.

In allen bisher gemachten Untersuchungen und Abhandlungen wurde die emotionale Filterung nicht berücksichtigt. Die getätigten Doppelblindstudien können daher allesamt, was diese Publikation betrifft, als unerheblich bezeichnet werden.

Zumal sich gezeigt hat, dass die gesamte Thematik, durch das Grundfeldmodell bedingt, auch messtechnisch lösbar ist. Die Ablehnung von Gitter- und Liniensystemen beruht oft auf dem Argument, dass sie noch nie mit physikalischen Messinstrumenten nachgewiesen wurden.

Und hier liefert das Grundfeldmodell und seine Konsequenzen ja eine eindeutige Antwort. In Band 1 konnte anhand des Grundfeldmodells gezeigt werden, dass bestimmte Frequenzen und Strukturen auf der Erde vorkommen. In den entsprechenden Kapiteln war zu sehen, dass sich mit diesen Grundfrequenzen auch gewisse dreidimensionale (elektro)magnetische Strukturen etabliert haben. Und mit der Fourier-Analyse [49] zeigte sich, dass magnetische Intensitäten, in Abhängigkeit von der Frequenz, im Schwingungsgefüge eine erhebliche Rolle spielen.

Bisher erfolgt bei magnetischen Messungen stets die Bestimmung der Gesamtflussdichte, d.h. eine Quantifizierung der lokalen magnetischen Flussdichte über alle Frequenzen hinweg.

Baut man aber Antennen und Empfänger, die (elektro)magnetische Intensität in **Abhängigkeit** von der **Frequenz** messen, so müssten sich damit die Gitter der Erde naturwissenschaftlich und technisch einwandfrei bestimmen lassen.

18.5 – Wahrnehmung

Geht man von wahrgenommenen Impedanzänderungen aus so sind auch zwei verschiedene Situationen vorzufinden:

1) Übergang von einer höheren Impedanz zu einer niedrigen Impedanz:

    Eisen / Erde
    Erde / Luft

2) Übergang von einer niedrigen Impedanz zu einer höheren Impedanz:

    Gold, Kupfer, Silber / Erde
    Wasser / Erde
    Wasser / Luft

Das müsste sich dann in der (Art der) Wahrnehmung eines Ruten-gängers auch niederschlagen.
Ein weiterer Ansatz liegt darin, dass die Wahrnehmung (z.B. eines Gitters) über die Hände erfolgt. Ist man sensitiv genug, kann man auf die Rute verzichten und benutzt die eigenen Hände. Dabei wird eine Gitterzone durch die Hände erspürt und fühlt sich so an als ob dort etwas vorhanden sei. Daraus lassen sich zwei Schlüsse ziehen:

1) Da das vorhandene Gitterfeld in den sogenannten Störzo-nen Minimal, bzw. Nullfronten besitzt kann es also nicht di-rekt das Feld sein, dass ein Rutengänger erfühlt. Es ist die Impedanzänderung des Feldes in der Störzone die wahrge-nommen wird.

2) Würden zum Beispiel die Magnetitkristalle im Hirn eine Rolle bei der Wahrnehmung spielen, so müsste eine Gitter-zone erst dann detektierbar sein, wenn man direkt auf ihr steht. Das Feld also durchs Hirn geht. Die Wahrnehmung und damit Verortung erfolgt aber an der Stelle der Hände

==> über Hände werden Impedanzänderungen wahrgenommen

18.6 – Das Experiment

Das über Hände Impedanzänderungen wahrgenommen werden ließe sich mit einem einfachen Experiment beweisen. Durch die Be-
schäftigung mit Ruten, die wie eine Lecher-Antenne [48] aufgebaut
sind, habe ich durch eine Zufallsentdeckung eine Möglichkeit des
Nachweises gefunden.
Man nehme ein mehradriges Kabel und an einer Kabelseite nehme
man jeweils die Kabelenden in die Hände und spürt da hinein.
Verbindet man die beiden Drahtenden am anderen Ende des Kabels
und versucht es erneut, so erspürt man einen deutlichen Unterschied. Durch diese Erfahrung bedingt bin ich auf folgenden Versuch
gekommen:

**Arbeitshypothese: Impedanzänderungen werden über Hände
wahrgenommen**

Gebraucht wird ein Kabel von 2 bis 3 Meter Länge mit mindestens
zwei Drähten. Das eine Ende des Kabels wird abisoliert und zwei der
enthaltenen Drähte werden freigelegt.
Am anderen Ende des Kabels befindet sich ein Schalter, mit dem die
zwei Drähte kurzgeschlossen werden können. Der Schalter sollte
vom Probanden nicht eingesehen werden können.
Der Versuchsablauf besteht darin, dass der Versuchsleiter den
Schalter ein oder ausschaltet. Der Proband nimmt jeweils einen
Draht in jede Hand und versucht zu erfühlen ob der Schalter auf oder
zu ist.

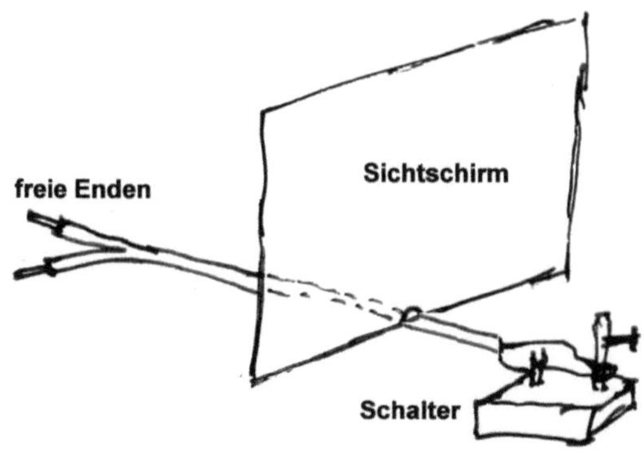

Abbildung 18.6.1 – Das Experiment

Wenn die Arbeitshypothese stimmt ist eine auffallend große Abweichung vom Zufallswert zu erwarten.

18.6.1 – Voreinstimmung

Der Versuchsleiter stellt den Schalter ein oder aus. Danach erhält der Proband die Information ob der Schalter AUF oder ZU ist.
Der Proband nimmt nun jeweils einen Draht in jede Hand und versucht den Zustand zu erfühlen. Dies geschieht so oft bis der Proband sicher ist den Unterschied zu erfühlen.
Dieser Versuch kann auch dazu benutzt werden „Sensitive" zu finden, da man nur die Leute auszusieben braucht, die nichts spüren.

18.6.2 – Versuchsablauf

Der Versuchsleiter stellt den Schalter ein oder aus. Danach erhält der Proband ein Startsignal – das besteht aus dem gesprochenen Wort START.
Der Proband nimmt nun jeweils einen Draht in jede Hand und versucht zu erfühlen ob der Schalter auf oder zu ist. Der Schalter sollte vom Probanden nicht eingesehen werden können.
Die Antwort auf die Draht-Wahrnehmung lautet dann AUF oder ZU.

Die Frage ist hier lediglich: Wenn eine Zufallsreihe von auf und zu beim Schalter benutzt wird, wie viel Versuche pro Person wären nötig und wie viele Probanden um eine signifikante Aussage zu erhalten ob der Zustand des Schalters gefühlt wird oder nicht?

Man kann hier auch noch eine Vorauswahl treffen: alle Probanden die keinen Unterschied zwischen den Drahtzuständen bei der Voreinstimmung erkennen aus der Versuchsreihe zu nehmen. Denn je sensitiver die gesamte Gruppe von Probanden um so größer ist die Trefferquote.
Wie bei jeder Wahrnehmungsart existieren auch hier Menschen die sensitiver als andere sind. Mit der Drahtmethode müsste sich eine eindeutige Erkennung ergeben.
Denn wenn die Arbeitshypothese stimmt, ist eine auffallend große Abweichung vom Zufallswert zu erwarten, im Idealfall sogar eine Trefferquote von etwa 100 Prozent. - Man könnte daher zwei Gruppen bilden: eine voraus gewählte sensitive Gruppe und eine per Zufall ausgewählte Gruppe.
Wenn Impedanzänderungen über Hände wahrgenommen werden, so lässt sich durch die Existenz des Mutens bedingt, folgende generelle Aussage tätigen:
Impedanzänderungen im umgebenden elektromagnetischen Feld werden über die Hände wahrgenommen.

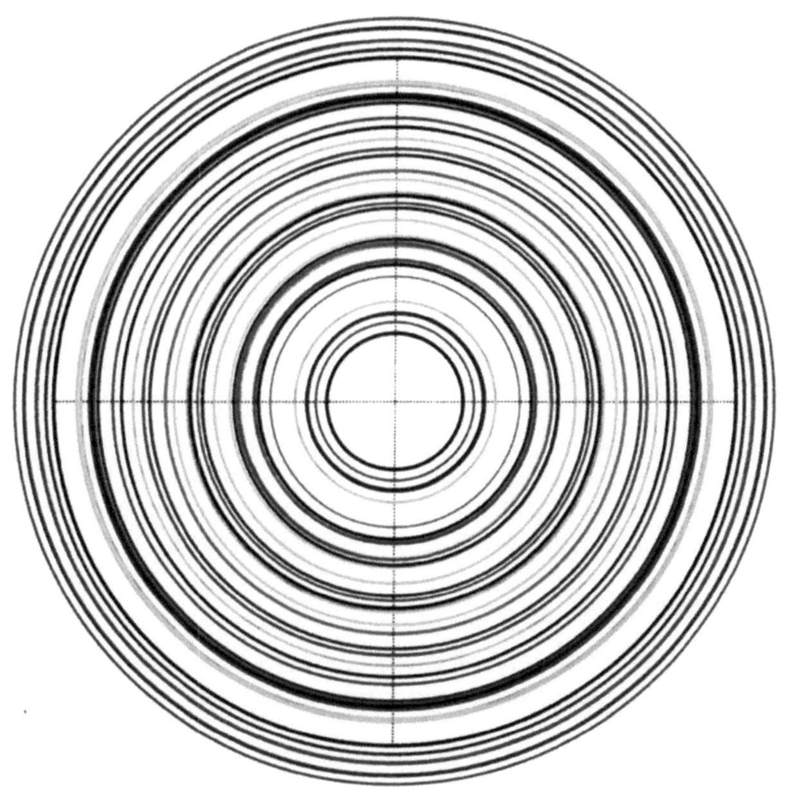

Teil 8 – Analyse und Auswertung

19 – Planetare Systeme

Mit der Konstruktion des Schwingungsgefüges in Band 1 und den Aussagen und Anwendungen steht ein mathematisches wie physikalisches Modell zur Verfügung, dass es ermöglicht Strukturen der Erde auf einer Schwingungsbasis zu erklären.

Dabei ist das Modell so gehalten, dass jedes Medium möglich ist, solange es sich wie eine physikalische Welle verhält. Das Modell beschreibt jede Art von Schwingungsphänomen, dass sich um ein kugelförmiges Objekt entwickeln kann.

Die Erde mit den geologischen Schalen, der Atmosphäre, dem Magnetfeld und dem elektrischen Feld der Erde sind, laut Band 1, Planetare Schwingungssysteme.

Curry-Netz, Benker-Kuben-System, Hartmann-Gitter und Wittmannsche Polpunkte bilden, laut diesem Band 2, ebenfalls ein Planetares Schwingungssystem, welches als Globalnetzgitter des erdmagnetischen Schwingungsgefüges interpretiert werden kann.

Die Konsequenz ist:

19.1 Satz: Alle Planetaren Schwingungssysteme sind durch ein einziges Erd-Schwingungsgefüge darstellbar.

Womit die in Band 1 - Kapitel 1.4 aufgestellten Behauptungen gezeigt wären.

Das erdmagnetische Schwingungsgefüge nimmt bei der Entstehung des physikalischen Schichtungsgefüges der Erde eine **Schlüsselrolle** ein.

19.1 – Fazit

Aufgrund der biologischen Wirkung des erdmagnetischen Schwingungsgefüges ist die Konsequenz:

**Die Erde stellt über das Magnetfeld
dem elektrischen Feld
mit ihrem inneren Schalenaufbau
der Atmosphäre mit ihren Schichten
und allen darauf lebenden Wesen
eine schwingungsmäßige Einheit dar**

Folgerung:

Ein Planet ohne Magnetfeld kann kein höheres Leben hervorbringen.

19.2 – Arbeitshypothese, Modell, Theorie

Naturwissenschaftliche Betrachtungsweise zeichnet sich dadurch aus, dass sie nicht mehr fragt warum oder wieso Phänomene unserer Erfahrungswelt da sind, sondern sich darauf beschränkt, zu untersuchen, WIE diese Phänomene da sind, also wie sie funktionieren.

Naturwissenschaftliche Arbeitsweise besteht nun darin, die vorliegenden Phänomene und Erfahrungen durch eine abstrakte Konstruktion, einer sogenannten **Arbeitshypothese** zu erklären. Diese Hypothese wird dann durch Experimente bzw. durch die Praxis erhärtet, modifiziert oder auch wieder verworfen.

Arbeitshypothese: Planetare Schwingungssysteme

Übersteht die Arbeitshypothese diese Überprüfung, so nennen wir sie ein **Modell**. Wobei die Überprüfung in der Regel durch ein **beweisendes Experiment** (experimentum crucis) oder die entsprechende Falsifizierung stattfindet. Das experimentum crucis für die magnetischen Wellen stellen Messverfahren dar. (Band1 – Kapitel 6 und Band2 – Kapitel 15)

Die Übereinstimmung der Arbeitshypothese mit den geologischen Schalen und den atmosphärischen Schichten sowie die Ableitung gewisser Frequenzen (Schumann, Sferics) stellt eine gewisse Bestätigung der Hypothese dar. Ebenfalls sind Teile der Arbeitshypothese (wie z.B. die Fourier-Analyse des Erdmagnetfeldes, biologische Wirkungen) inzwischen von anderen Wissenschaftlern bestätigt worden. Daher liegt hier insgesamt schon ein gewisser Modellstatus vor. Es existiert somit:

Ein ganzheitlicher Ansatz für die Erde mit ihren Substrukturen auf Schwingungsbasis.

Wird dieses Modell durch weitere Experimente bzw. andere Wissenschaftler bestätigt, und sind sogar noch Voraussagen möglich, so haben wir eine **Theorie** vor uns stehen. Durch die Existenz des „Hartmann Net Detector" ist eine hinreichende Bestätigung der Theorie gegeben.

19.3 – Arbeitshypothese und Radiästhesie

Das hier angegebene Messverfahren liefert in einer abgewandelten Form auch die Möglichkeit um alle Gitter der Radiästhesie ermitteln bzw. spezifizieren zu können.
Dazu muss man die Frequenz auf eine bestimmte (Gitter) Frequenz festlegen bzw. einstellen. Durch die auftretende Resonanz wird eine Spannung bestimmter Größe erzeugt. Wird der Empfänger nun über eine größere Fläche bewegt, dann muss sich diese Spannung verändern. In der Mitte eines Gitterfeldes ist die Spannung maximal, an den Gitterlinien ist die Spannung Null (oder umgekehrt). Es ist nun folgendes Vergleichsexperiment möglich:

Vergleichs-Experiment

1) **Rutengänger detektieren Gitter**

2) **Messgerät detektiert Gitter**

Übereinstimmung der Ergebnisse wäre in zwei Fällen möglich:

1) **Rutengänger detektieren Nullwände** – das Modell kann so stehen bleiben wie es ist

2) **Rutengänger detektieren Polgitter** – das Modell muss modifiziert werden (Konstruktion der Maximallinien anstatt der Nullwände)

Bei Übereinstimmung der Ergebnisse wäre ein Wahrnehmungs-kanal bzgl. (elektro-)magnetischer Felder beim Menschen be-wiesen. Und damit wäre eine Bestätigung der Radiästhesie ge-geben.

Bei Nicht-Übereinstimmung folgt:

Gitter basieren auf einem anderem Schwingungsmedium als magnetische Wellen.

19.4 – Verifizierung und Falsifizierbarkeit

Die hier aufgestellte Arbeitshypothese geht zuerst mal von Beobach-tungen und Experimenten aus, die in der Radiästhesie, Geobiologie, Biologie und Physik gemacht worden sind. Es wurde versucht, **auf Basis existierender Modelle**, Strukturen zu finden die diese Phä-nomene erklären können. Dabei ist ganz bewusst darauf verzichtet worden, hier neue Elemente wie z.B. Feinstofflichkeit oder Informati-on einzuführen.

In der Wissenschafts- bzw. Erkenntnistheorie wurde vor Popper eine Arbeitshypothese aufgestellt und dann nach verifizierenden also be-weisenden Experimenten gesucht.

Seit Karl R. Popper gilt das Prinzip der Falsifizierbarkeit. Eine Theo-rie kann nach Popper [50] nur dann empirisch sein, wenn es möglich ist, dass ihr Beobachtungssätze widersprechen. Dies aber ist nur möglich, wenn sie ausschließt, dass bestimmte beobachtbare Sach-verhalte stattfinden werden. Eine Theorie mit dieser Eigenschaft ist falsifizierbar:

Ein empirisch-wissenschaftliches System muss an der Erfah-rung scheitern können.

Ausgehend von dieser Feststellung, dass Aussagen durch empiri-sche Tatsachenberichte nur widerlegt und nicht gestärkt werden können, lassen sich Theorien daher nur bewähren, nicht aber wahr-scheinlicher machen oder als wahr erwiesen werden.

Entsprechend ist eine Theorie umso empirisch schärfer, je engere Einschränkungen sie an das Beobachtbare macht, je mehr potentiel-le Beobachtungsberichte ihr also widersprechen können. Poppers Anspruch ist es, mit dem Abgrenzungskriterium der Falsifizierbarkeit ein rationales, systematisches und objektives, also intersubjektiv nachprüfbares Instrument zu liefern.

Diese Falsifizierbarkeit liefert nun den Ansatz um eine Klärung bzgl. der Natur der radiästhetischen Gitter vornehmen zu können.

Literaturverzeichnis

1   Piontzik, Klaus
Planetare Systeme der Erde 1
Books on Demand, Norderstedt, 2020
ISBN 978-3-7494-8112-5
Siehe auch: http://www.planetare-systeme.com

2   Piontzik, Klaus
Gitterstrukturen des Erdmagnetfeldes
Books on Demand, Norderstedt, Juli 2007
ISBN 978-3-8334-9126-9
Siehe auch: http://www.pimath.eu/

3   https://www.pimath.de/diverses/ernst_hartmann.html

4   Hartmann, Ernst
Krankheit als Standortbestimmung
5. Auflage, Karl F. Haug Verlag, Heidelberg, 1986
ISBN 3-7760-0653-6

5   https://de.wikipedia.org/wiki/Ernst_Hartmann_(Mediziner)

6   https://de.wikipedia.org/wiki/Radiästhesie

7   Adolf Flachenegger
Lehrbriefe für Rutengänger und Pendler
Verlag Reichhart, Linz, Oktober 2004
ISBN 3-200-00185-2

8   Benker, Anton
Strahlenkunde mit dem Benker-Kuben-System
Selbstverlag H. Grote, Niederbergheim

9   Siegfried Wittmann
Die Wünschelrute in Pakraduny
Tigran: Die Welt der geheimen Mächte
Verlag Tiroler Graphik, Innsbruck 1953

10   https://de.wikipedia.org/wiki/Manfred_Curry

11   https://de.wikipedia.org/wiki/Kugelflächenfunktionen

12   Stieglitz R., Müller U.
        Kann man das Magnetfeld im Labor simulieren?
        Forschungszentrum Karlsruhe
        Wissenschaftliche Berichte, FZKA 6223, 1999

13   https://de.wikipedia.org/wiki/Erdmagnetfeld

14   NGDC, WMM-2005
        National Geophysical Data Center
        http://www.ngdc.noaa.gov/

15   https://de.wikipedia.org/wiki/Laplace-Operator

16   https://de.wikipedia.org/wiki/Pierre-Simon_Laplace

17   https://de.wikipedia.org/wiki/Amplitudenmodulation

18   https://de.wikipedia.org/wiki/Heinrich_Hertz

19   https://www.bioriposo.net/hartmann-scanner/?lang=de

20   http://www.viviss.si/download/viviss/ZBORNIK%20MGB
        /Jurgec_paper_79_87.pdf

21   https://de.wikipedia.org/wiki/Harmonischer_Oszillator

22   https://de.wikipedia.org/wiki/Heaviside-Funktion

23   O'Keefe, Nadel L.
        The Hippocampus as a Cognitive Map
        Clarendon Press, Oxford, 1978

24   https://de.wikipedia.org/wiki/W._Ross_Adey

25   Adey W.R., Bawin S.M. Brain
        interactions with weak electric and magnetic fields
        Neurosciences Res. Prog. Bull. 15/1, 1-129, 1977

        Adey, W.R.
        Frequency and power windowing in tissue interactions with
        weak electromagnetic fields
        Proc. IEEE 68, 119-125, 1980

Adey, W.R.
Tissue interactions with non-ionizing electromagnetic fields
Physiol. Rev. 61, 435-514, 1981

Adey, W.R.
Ionic nonequilibrium phenomena in tissue interactions with electromagnetic fields
In: Biological Effects of Nonionizing Radiation.
Illinger KH, ed., Washington, DC, American Chemical Society, 1981

Adey W.R., Bawin S.M., Lawrence A.F.
Effects of weak amplitude-modulated microwave fields on calcium efflux from awake cat cerebral cortex
Bioelectromagnetics 3 (3), 295-307, 1982

Adey, W.R.
Some fundamental aspects of biological effects of extremely low frequency (ELF)
In: Biological effects and dosimetry of non-ionizing radiation
Grandolfo, M., Michaelson, S.M., Rindi, A., eds.
New York, London, Plenum Press, 561-580, 1983

Adey W.R., Lawrence A.F.
Nonlinear Electrodynamics in Biological Systems
New York, Plenum Press, 1984

Adey, W.R.
Joint actions of environmental non-ionizing electromagnetic fields and chemical pollution in cancer promotion
Environ. Health Perspect. Jun. 86, 297-305, 1990

Adey W.R.
ELF magnetic fields and promotion of cancer; experimental studies
In: Interaction Mechanisms of Low-Level Electromagnetic Fields in Living Systems
Norden B, Ramel K, eds., Oxford University Press, 1992

Adey, W.R.
Biological Effects of Electromagnetic Fields
J Cell Biochem 51, 410-416, 1993

Adey, W.R.
Electromagnetics in biology and medicine
In: Modern Radio Science
Matsumoto H, eds., Oxford, University Press, 1993

Adey, W.R.
Bioeffects of mobile communications fields - possible mechanisms of cumulative dose, In: Mobile Communications Safety
Kuster N, Balzano Q, Lin J, eds., New York, Chapman and Hall,
103-139, 1997

Adey, W.R.
Cell and molecular biology associated with radiation fields of
mobile telephones
In: Review of Radio Science 1996-1999
Stone WR, Ueno S, eds., Oxford, University Press, 845-872,
1999

Adey W.R., Byus C.V., Cain C.D.
Spontaneous and nitroso-urea induced primary tumors of the
central nervous system in Fischer 344 rats chronically exposed
to 836 MHz modulated microwaves
Rad. Res. 152, 293-302, 1999

Adey W.R., Byus C.V., Cain C.D.
Spontaneous and nitrosoureainduced primary tumors of the
central nervous system in Fischer 344 rats exposed to fre-
quencymodulated microwave fields
Cancer Res. 60, 1857-1863, 2000

Adey, W.R.
Evidence for nonthermal electromagnetic bioeffects: potential
health risks in evolving low-frequency and microwave environments, In: Electromagnetic Environments and Safety in Build-
ings Clements-Croome D, eds., London, Taylor and Francis,
Spon Press, 2003

Adey, W.R.
Potential therapeutic applications of nonthermal electromagnetic
fields: ensemble organization of cells in tissue as a factor in biol
ogical field sensing
In: Bioelectromagnetic Medicine
Rosch PJ, Markov M, eds., New York, Marcel Decker, 2003

26   Bawin S.M., Gavalas-Medici R., Adey W.R.
Effects of modulated very high frequency fields on specific brain rhythms in cats, Brain Res. 58, 365–384, 1973

Bawin S.M., Kaczmarek L.K., Adey W.R.
Effects of modulated VHF fields on the central nervous system
Ann N Y Acad Sci 247, 74-80, 1975

Bawin S.M., Kaczmarek L.K., Adey W.R.
Effects of modulated VHF fields on the central nervous system from chick cerebral tissue by electromagnetic fields
Proc. Natl. Acad. Sci. USA 75, 6314–6318, 1975

Bawin S.M., Adey W.R.
Sensitivity of calcium binding in cerebral tissue to weak environmental electric fields oscillating at low frequency
Proc. Natl. Acad. Sci. (USA) 73, 1999-2003, 1976

Bawin S.M., Adey W.R., Sabbot I.M.
Ionic factors in release of 45Ca2+ from chicken cerebral tissue by electromagnetic fields
Proc Natl Acad Sci USA. 75(12), 6314-6318, Dezember 1978

Bawin S.M., Sheppard A.R., Adey, W.R.
Possible mechanisms of weak electromagnetic field coupling in brain tissue
Bioelectrochem Bioenergy 5, 67-76, 1978

Bawin S.M., Sheppard A.R., Mahoney M.D., Adey W.R.
Influences of sinusoidal electric fields on excitability in rat hippocampal slice
Brain Res. 323, 227-237, 1984

Bawin S.M., Sheppard A.R., Mahoney M.D., Abu-Assal M., Adey W.R.
Comparison between the effects of extracellular direct and sinusoidal currents on excitability in hippocampal slices
Brain Res. 362, 350-354, 1986

Bawin S.M., Satmary W.M., Jones R.A., Adey W.R., Zimmerman G.
Extremely-low-frequency magnetic fields disrupt rhythmic slow activity in rat hippocampal slices
Bioelectromagnetics 17, 388–395, 1996

27   https://de.wikipedia.org/wiki/Fibonacci-Folge

28   European Union: REFLEX
       Risk Evaluation of Potential Environmental Hazard from Low
       Energy Electromagnetic Field Exposure - Using Sensitiv in vitro
       Methods
       Program: Quality of Life and Management of Living Resources
       QLK4-CT-1999-01574, Mai 2004

29   https://www.urzeit-code.com

30   https://en.wikipedia.org/wiki/Rütger_Wever

31   Wever, Rütger
       Über die Beeinflussung der zirkadianen Periodik des Menschen
       durch schwache elektromagnetische Felder
       Z. vergl. Physiol. 56, 111-128, 1967

       Wever, Rütger
       Einfluß schwacher elektromagnetischer Felder auf die circadia-
       ne Periodik des Menschen
       Zeitschrift Naturwissenschaften, 55 (1), S.29-32, 1968

       Wever, Rütger
       Gesetzmäßigkeiten der circadianen Periodik des Menschen,
       geprüft an der Wirkung eines schwachen elektrischen Wechsel-
       felde, Pfluegers Arch. 302, 97-112, 1968

       Wever, Rütger
       Untersuchungen zur circadianen Periodik des Menschen mit
       besonderer Berücksichtigung des Einflusses schwacher elektri-
       scher Wechselfelder
       Bundesministerium für Wissenschaft und Forschung, For-
       schungsbericht W 69-31, 1969

       Wever, Rütger
       The effects of electric fields on circadian rhythmicity in men
       Life Sci. Space Res. 8, 171-187, 1970

       Wever, Rütger
       Die circadiane Periodik des Menschen als Indikator für die bio-
       logische Wirkung elektromagnetischer Felder
       Z. Physik. Med. 2, 439-471, 1971

Wever, Rütger
Influence of electric fields on some parameters of circadian rhythms in man, In: Biochronometry
M. Menaker, eds., Washington D.C. Nat. Acad. Scienc., 117-132, 1971

Wever, Rütger
Human circadian rhythms under the influence of weak electric fields and the different aspects of these studies
Int. J. Biometeor. 17, 220, 1973

Wever, Rütger
Different aspects of the studies of human circadian rhythms under the influence of weak elektric field
In: Chronobiology, L.E. Scheving, F. Halberg, J.E. Pauly, eds., Igaku Shoin Ltd., Tokyo, 694-699, 1974

Wever, Rütger
ELF-effects on human circadian rhythm
In: ELF and VLF electromagnetic field effects
M.A. Persinger, eds., Plenum Press, New York and London, 101-144, 1974

Wever, Rütger
Effects of weak 10 Hz fields on separated vegetative rhythms involved in the human circadian multi-oscillator system
Arch. Met. Geoph. Biokl. Ser.B 24, 123-124, 1976

Wever, Rütger
Circadian rhythmicity of man under the influence of weak electromagnetic fields
In: Electromagnetic Fields and Circadian Rhythmicity
M.C. Moore-Ede, eds., Birkhauser, Boston, Basel, Berlin, 1992

32   https://de.wikipedia.org/wiki/Michael_Persinger

33   Persinger, M. A.
        The effect of pulsating magnetic fields upon the behavior and gross physiological changes of the albino rat - Under-graduate thesis, University of Wisconsin, Madison, 1967, Reg. No A976151

Persinger M.A.
Open-field behaviour in rats exposed prenatally to a low intensity-low frequency, rotating magnetic field
Dev. Psychobiol. 2, 168-171, 1969

Persinger M.A., Foster W.S.
ELF rotating magnetic fields: prenatal exposure and adult behaviour
Arch. Met. Geoph. Biokl. (Ser. B) 18, 363-369, 1970

Persinger M.A., Ossenkopp K.-P., Glavin G.B.
Behavioural changes in adult rats exposed to ELF magnetic fields, Int. J. Biometeorol. 16, 155-162, 1972

Persinger M.A., Pear J.J.
Prenatal exposure to an ELF-rotating magnetic field and subsequent increase in conditioned suppression
Dev. Psychobiol. 5, 269-274, 1972

Persinger M.A., Ludwig H.W., Ossenkopp K.P.
Psychophysiolgical Effects of Extremely Low Frequency Electromagnetic Fields
Perceptual and Motor Skills 36, 1131-1158, 1973

Persinger, M.A.
Possible cardiac driving by an external rotating magnetic field
Internat. J. Biometeor. 17/3, S. 263-266, 1973

Persinger M.A., Lafreniere G.F., Ossenkopp K.P.
Behavioural physiological and histological chances in rats exposed during various developmental stages to ELF magnetic fields
In: ELF and VLF Electromagnete Field Effects
M.A. Persinger, eds., Plenum Press, New York, London,
S. 177-226, 1974

Persinger, M.A.
ELF and VLF Electromagnete Field Effects
Plenum Press, New York, London, 1974

Persinger M.A.
Daytime running activity in laboratory rats following geomagnetic event of 05.-06. July 1974
Internat. J. Biometeor. 20/1, S. 19-22, 1976

Persinger M.A., Lafreniere G.F., Carrey N.J.
Thyroid morphology and wet organ weight changes in rats exposed to different low intensity 0.5 Hz magnetic fields and pre-experimental caging conditions
Int. J. Biometeorol. 22, 67-73, 1978

Persinger M.A., Coderre D.J.
Thymus mast cell numbers following perinatal and adult exposures to low intensity 0.5 Hz magnetic fields
Int. J. Biometeorol. 22, 123-128, 1978

Persinger M.A., Carrey N.C., Lafreniere G.F., Mazzuchin A.
Thirty-Eight blood tissue and consumptive measures from rats exposed perinatally and adult to 0,5 Hz magnetic fields
Internat. J. Biometeor. 22/3, S. 213-226, 1978

Persinger, M. A.
Neuropsychological bases of God beliefs
New York, Praeger, 1987

34   https://www.ams-ag.de/ueber-ams/dr-ludwig/das-werk.html

35   Ludwig H.W., Mecke R.
Wirkung künstlicher Atmospherics auf Säuger
Arch. Met. Geoph. Biokl. Ser. B 16, 251-261, 1968

Ludwig H.W.
Hypothesis Concerning the Absorption Mechanism of Atmospherics in the Nervous System
Int. Biometeor. 12, 93-98, 1968

Ludwig H.W.
Der Einfluß von elektromagnetischen Tiefstfrequenz Wechselfeldern auf höhere Organismen
Biomed. Technik 16, 67-72, 1968

Ludwig H.W., Persinger M.A., Ossenkopp K.P.
Physiologische Wirkung elektromagnetischer Wellen bei tiefen Frequenzen
Arch. Met. Geoph. Biokl. Ser. B 21, 99-116, 1973

Ludwig, Wolfgang
Resonanzen mit Eigenwerten des Organismus bei der Anwendung von Magnet-Wechselfeldern
Symposium Wirkung magnetischer Felder auf Biologische Systeme, Maikammer, 30.09-01.10. 1986

Ludwig, Wolfgang
Schumann- und Geomagnetwellen-Therapie
Informationen zur Naturheilkunde
Sommerverlag, Teningen, 16. März 1996

Ludwig, Wolfgang, Informative Medizin
VGM, Verlag für Ganzheitsmedizin, Essen, 1999

36   https://de.wikipedia.org/wiki/Joseph_Kirschvink

37   Kirschvink J.L., Walker M. M.
Biogenic magnetite in higher organisms and the current status of the hypothesis of ferrimagnetic magnetoreception
In: Biophysical Effects of Steady Magnetic Fields
G. Maret, N. Boccara, J. Kiepenheuer, eds.
pp. 180–188, New York, Springer-Verlag, 1986

Kirschvink J.L.
Magnetite biomineralization and geomagnetic sensitivity in higher animals: an update and recommendations for future study, Bioelectromagnetics 10, 239-259, 1989

Kirschvink, J.L
Geomagnetic sensitivity in cetaceans: an update with live stranding records in the United States
In: Sensory Abilities of Cetaceans: Laboratory and Field Evidence, J. A. Thomas, R. A. Kastelein, eds.
pp. 639-649. New York: Plenum Press, 1990

Kirschvink J.L., Kobayashi-Kirschvink A.
Is geomagnetic sensitivity real? Replication of the Walker-Bittermann magnetic conditioning experiments in honey bees
Amer. Zool. 31, 169-185, 1991

Kirschvink, J. L. and Woodford, B.J.
Superparamagnetism in the human brain
In Thirteenth Annual Meeting of the Bioelectromagnetics Society
Salt Lake City, Utah, 80, 1991

Kirschvink J.L., Kobayashi -Kirschvink A.K., Woodford B.J.
Magnetite biomineralization in the human brain
Proc. Natl. Acad. Sci. USA 89 (16), 7683-7687
Caltech, Pasadena, August 1992

Kirschvink J.L., Kuwajima T., Ueno S., Kirschvink S.J., Diaz-Ricci J.C., Morales A., Barwig S., Quinn K.
Discrimination of low-frequency magnetic fields by honeybees: Biophysics and experimental tests
In: Sensory Transduction, D.P. Corey, S.D. Roper, eds.
Society of General Physiologists, 45th Annual Symposium, Rockefeller, University Press, New York, pp. 225-240, 1992

38   https://de.wikipedia.org/wiki/Schumann-Resonanz

39   Schumann, W.O.
Über die strahlungslosen Eigenschwingungen einer leitenden Kugel, die von einer Luftschicht und einer Ionosphärenhülle umgeben ist, Zeitschrift Naturforschung 7a, 149-154, 1954

Schumann, W.O.
Über elektrische Eigenschwindungen der Hohlraumes Erd-Luft-Ionosphäre, erregt durch Blitzentladungen

40   Baumer Hans, Eichmeier
Das natürliche elektromagnetische Impuls-Spektrum der Atmosphäre
Archives for metereology, geophysics and Bioclimatology
Springer Verlag, Ser A 31, 249-261, 1982
Print ISSN 0066-6416

Baumer, Hans
Sferics - Die Entdeckung der Wetterstrahlung
Rowohlt Verlag, Hamburg, 1987, ISBN: 9783498004873

41   R.R. Baker
„Goal orientation in blindfolded humans after long distance displacement: possible involvement of a magnetic sense"
„Science 210" 1980

R.R. Baker
„Magnetoreception by man and other primates" in „Magnetite biomineralization and magnetoreception in organisms" 1985

R.R. Baker
„Human Navigation and Magnetoreception" 1989

42   https://de.wikipedia.org/wiki/Carpenter-Effekt

43   Burr, Harold Saxton
The fields of life. Our links with the universe
Ballantine books, 1973

44   https://de.wikipedia.org/wiki/Wellenwiderstand

45   König, H.L.
Über den Einfluss besonders niederfrequenter elektrischer Vor-
gänge in der Atmosphäre auf den Menschen
Naturwissenschaften 47, 486-490, 1960

        König, H.L.
Behavioural changes in human subjects associated with ELF
electric fields
In: ELF and VLF Electromagnet Field Effects
M.A. Persinger, eds.
Plenum Press, New York, London, 81-100, 1974

46   König H.L., Betz H.D.
Der Wünschelruten-Report
Wissenschaftlicher Untersuchungsbericht,
Eigenverlag, München, 1989

47   Martin Lambeck
Irrt die Physik? Über alternative Medizin und Esoterik
2. Auflage. C. H. Beck, München 2005,
ISBN 3-406-49469-2

48   https://de.wikipedia.org/wiki/Lecher-Leitung

49   https://de.wikipedia.org/wiki/Fourier-Analysis

50   Popper, Karl
Logik der Forschung
Akademie-Verlag, Berlin 2004
Herbert Keuth (Hrsg.), ISBN 978-3-7091-2021-7

Bilderverzeichnis

Abb. 11.1.1   Hartmann, Ernst
Krankheit als Standortbestimmung
5. Auflage, Karl F. Haug Verlag, Heidelberg
1986, Seite 457 (Abb. 263)

Abb. 17.1.1   Effects of modulated VHF fields on the central nervous system
Bawin S.M., Kaczmarek L.K., Adey W.R.
Ann N Y Acad Sci 247, Seite 74-81, 1975

Alle anderen Abbildungen entstammen dem Archiv des Autors.

Namensverzeichnis

Seite

Personen

Stichwortverzeichnis

Stichwortverzeichnis

Stichwortverzeichnis

Stichwortverzeichnis

Stichwortverzeichnis